工程施工安全必读系列

园 林 工 程

李奎江　主编

U0261305

中 国 铁 道 出 版 社

2012年·北 京

内 容 提 要

本书以问答的形式介绍了园林水景工程、园路和园桥工程、园林假山工程、园林绿化工程、园林供电工程的施工安全技术,做到了技术内容最新、最实用,文字通俗易懂,语言生动,并辅以直观的图表,能满足不同文化层次的技术工人和读者的需要。

图书在版编目(CIP)数据

园林工程/李奎江主编.—北京:中国铁道出版社,2012.5
(工程施工安全必读系列)
ISBN 978-7-113-13796-0

Ⅰ.①园… Ⅱ.①李… Ⅲ.①园林－工程施工－安全技术－问题解答 Ⅳ.①TU986.3-44

中国版本图书馆 CIP 数据核字(2011)第 223743 号

书　　名:工程施工安全必读系列
　　　　　园 林 工 程
作　　者:李奎江

策划编辑:江新锡
责任编辑:曹艳芳　陈小刚　电话:010－51873193
封面设计:郑春鹏
责任校对:胡明锋
责任印制:郭向伟

出版发行:中国铁道出版社(100054,北京市西城区右安门西街 8 号)
网　　址:http://www.tdpress.com
印　　刷:北京市燕鑫印刷有限公司
版　　次:2012 年 5 月第 1 版　2012 年 5 月第 1 次印刷
开　　本:850mm×1168mm　1/32　印张:2.25　字数:63 千
书　　号:ISBN 978-7-113-13796-0
定　　价:7.50 元

前　言

　　建设工程安全生产工作不仅直接关系到人民群众生命和财产安全,而且关系到经济建设持续、快速、健康发展,更关系到社会的稳定。如何保证建设工程安全生产,避免或减少安全事故,保护从业人员的安全和健康,是工程建设领域急需解决的重要课题。从我国建设工程生产安全事故来看,事故的根源在于广大从业人员缺乏安全技术与安全管理的知识和能力,未进行系统的安全技术与安全管理教育和培训。为此,国家建设主管部门和地方先后颁布了一系列建设工程安全生产管理的法律、法规和规范标准,以加强建设工程参与各方的安全责任,强化建设工程安全生产监督管理,提高我国建设工程安全水平。

　　为满足建设工程从业人员对专业技术、业务知识的需求,我们组织有关方面的专家,在深入调查的基础上,以建设工程安全员为主要对象,编写了工程施工安全必读系列丛书。

　　本丛书共包括以下几个分册:

　　📚《建筑工程》

　　📚《安装工程》

　　📚《公路工程》

1

 园林工程

- 《市政工程》
- 《园林工程》
- 《装饰装修工程》
- 《铁路工程》

　　本丛书依据国家现行的工程安全生产法律法规和相关规范规程编写，总结了建筑施工企业的安全生产管理经验，此外本书集建筑施工安全管理技术、安全管理资料于一身，通过大量的图示、图表和翔实的文字，使本书图文并茂，具有实用性、科学性和指导性。本书完全按照新标准、新规范的要求编写，以利于施工现场管理人员随时学习及查阅。

　　本书对提高施工现场安全管理水平、人员素质，突出施工现场安全检查要点，完善安全保障体系，具有较强的指导意义。该书是一本内容实用、针对性强、使用方便的安全生产管理工具书。

编者

2012 年 3 月

目录

园林工程

📚 第四章　园林绿化工程施工安全

📚 第五章　园林供电工程施工安全

第一章

园林水景工程施工安全

怎样才能保障驳岸工程施工的安全?

（1）砌石类驳岸。

图 1-1 是砌石驳岸的常见构造，它由基础、墙身和压顶三部分组成。基础是驳岸承重部分，通过它将上部重量传给地基。因此，驳岸基础要求坚固，埋入湖底深度不得小于 50 cm，基础宽度 B 则视土壤情况而定，砂砾土为 $(0.35\sim0.4)h$，砂壤土为 $0.45h$，湿砂土为 $(0.5\sim0.6)h$。饱和水壤土为 $0.75h$。墙身处于基础与压顶之间，承受压力最大，包括垂直压力、水的水平压力及墙后土壤侧压力。因此，墙身应具有一定的厚度，墙体高度要以最高水位和水面浪高来确定，岸顶应以贴近水面为好，便于游人亲近水面，并显得蓄水丰盈饱满。压顶为驳岸最上部分，宽度 $30\sim50$ cm，用混凝土或大块石做成。其作用是增强驳岸稳定，美化水岸线，阻止墙后土壤流失。图 1-2 是重力式驳岸结构尺寸图，与表 1-1 配合使用。整形式块石驳岸迎水面常采用 1:10 边坡。

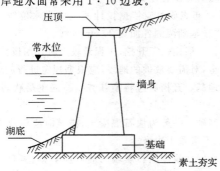

图 1-1 永久性驳岸结构示意图

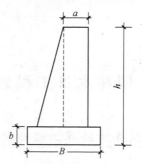

图1—2　重力式驳岸结构尺寸

表1—1　常见块石驳岸选用表(cm)

h	a	B	b
100	30	40	30
200	50	80	30
250	60	100	50
300	60	120	50
350	60	140	70
400	60	160	70
500	60	200	70

　　如果水体水位变化较大，即雨季水位很高，平时水位很低，为了岸线景观起见，则可将岸壁迎水面做成台阶状，以适应水位的升降。

　　驳岸施工前应进行现场调查，了解岸线地质及有关情况，作为施工时的参考。施工程序如下：

　　1)放线。布点放线应依据设计图上的常水位线，确定驳岸的平面位置，并在基础两侧各加宽20 cm放线。

　　2)挖槽。一般由人工开挖，工程量较大时采用机械开挖。为了保证施工安全，对需要放坡的地段，应根据规定进行放坡。

　　3)夯实地基。开槽后应将地基夯实。遇土层软弱时需进行加固处理。

　　4)浇筑基础。一般为块石混凝土，浇筑时应将块石分隔，不得互相靠紧，也不得置于边缘。

　　5)砌筑岸墙。浆砌块石岸墙的墙面应平整、美观；砌筑砂浆饱满，勾缝严密。每隔25～30 m做伸缩缝，缝宽3 cm,可用板条、沥青、石棉绳、橡胶、止水带或塑料等防水材料填充。填充时应略低于砌石墙面，缝用水泥砂浆勾满。如果驳岸有高差变化，则应做沉降缝，确保驳岸稳固。驳岸墙体应于水平方向 2～4 m、竖直方向 1～2 m 处预留泄水孔，口径为 120 mm×120 mm，便于排除墙后积水，保护墙体。也可于墙后设置暗沟，填置砂石排除积水。

　　6）砌筑压顶。可采用预制混凝土板块压顶，也可采用大块方整石压顶。顶石应向水中至少挑出 5～6 cm，并使顶面高出最高水位 50 cm 为宜。

　　砌石类驳岸结构做法如图 1—3～图 1—7 所示。

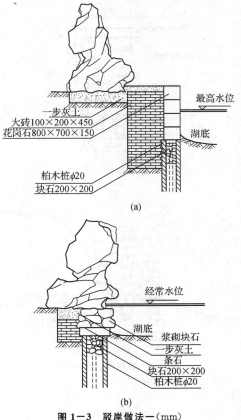

图 1—3　驳岸做法一（mm）

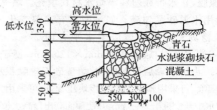

图1-4　驳岸做法二（mm）

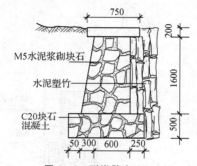

图1-5　驳岸做法三（mm）

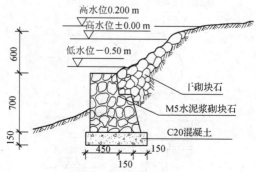

图1-6　驳岸做法四（mm）

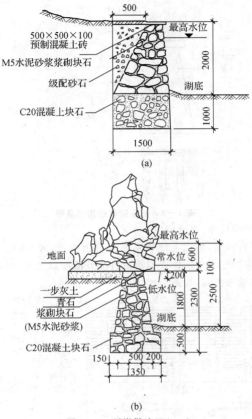

图1—7　驳岸做法五（mm）

（2）桩基类驳岸。

图1—8是桩基驳岸结构示意，它由桩基、卡档石、盖桩石、混凝土基础、墙身和压顶等几部分组成。卡档石是桩间填充的石块，起保持木桩稳定作用。盖桩石为桩顶浆砌的条石，作用是找平桩顶以便浇灌混凝土基础。基础以上部分与砌石类驳岸相同。

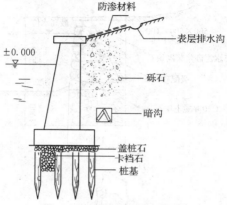

图1－8　桩基驳岸结构示意图

（3）竹篱驳岸、板墙驳岸。

驳岸打桩后，基础上部临水面墙身由竹篱（片）或板片镶嵌而成，适于临时性驳岸。竹桩顶端由竹节处截断以防雨水积聚，竹片镶嵌直顺紧密牢固，如图1－9和图1－10所示。

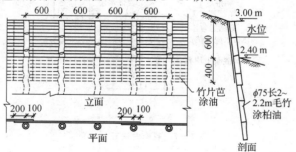

图1－9　竹篱驳岸（mm）

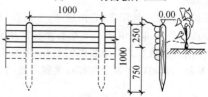

图1－10　板墙驳岸（mm）

怎样才能保障护坡工程施工的安全？

(1)铺石护坡。

当坡岸较陡、风浪较大或因造景需要时，可采用铺石护坡，如图1—11所示。铺石护坡由于施工容易，抗冲刷力强，经久耐用，护岸效果好，还能因地造景，灵活随意，是园林常见的护坡形式。

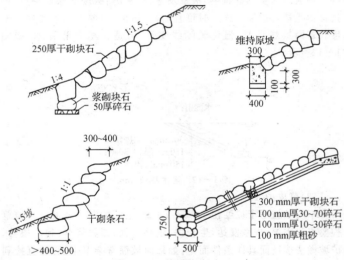

图1—11　块石护坡(mm)

护坡石料要求吸水率低(不超过1%)、密度大(大于2 t/m³)和较强的抗冻性，如石灰岩、砂岩、花岗石等岩石，以块径18～25 cm、长宽比1：2的长方形石料最佳。

铺石护坡的坡面应根据水位和土壤状况确定，一般常水位以下部分坡面的坡度小于1：4，常水位以上部分采用1：1.5～1：5。

施工方法如下：首先把坡岸平整好，并在最下部挖一条梯形沟槽，槽沟宽40～50 cm，深50～60 cm。铺石以前先将垫层铺好，垫层的卵石或碎石要求大小一致，厚度均匀，铺石时由下至上铺设。下部要选用大块的石料，以增加护坡的稳定性。铺时石块摆成丁字

形,与岸坡平行,一行一行往上铺,石块与石块之间要紧密相贴,如有突出的棱角,应用铁锤将其敲掉。铺后检查一下质量,即当人在铺石上行走时铺石是否移动? 如果不移动,则施工质量合乎要求。下一步就是用碎石嵌补铺石缝隙,再将铺石夯实即成。

(2)灌木护坡。

灌木护坡较适于大水面平缓的坡岸。由于灌木有韧性,根系盘结,不怕水淹,能削弱风浪冲击力,减少地表冲刷,因而护岸效果较好。护坡灌木要具备速生、根系发达、耐水湿、株矮常绿等特点,可选择沼生植物护坡。施工时可直播,可植苗,但要求较大的种植密度。若因景观需要,强化天际线变化,可适量植草和乔木,如图1—12所示。

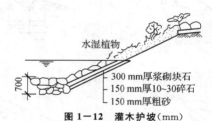

图1—12　灌木护坡(mm)

(3)草皮护坡。

草皮护坡适于坡度在1∶5～1∶20之间的湖岸缓坡。护坡草种要求耐水湿,根系发达,生长快,生存力强,如假俭草、狗牙根等。护坡做法按坡面具体条件而定,如果原坡面有杂草生长,可直接利用杂草护坡,但要求美观。也有直接在坡面上播草种,加盖塑料薄膜,或如图1—13所示,先在正方砖、六角砖上种草,然后用竹签四角固定作护坡。最为常见的是块状或带状种草护坡,铺草时沿坡面自下而上成网状铺草,用木方条分隔固定,稍加压踩。若要增加景观层次,丰富地貌,加强透视感,可在草地散置山石,配以花灌木。

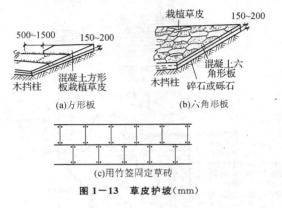

图 1—13　草皮护坡(mm)

怎样才能保障刚性材料水池施工的安全?

(1)放样:按设计图纸要求放出水池的位置、平面尺寸、池底标高对桩位。

(2)开挖基坑:一般可采用人工开挖,如水面较大也可采用机挖;为确保池底基土不受扰动破坏,机挖必须保留 200 mm 厚度,由人工修整。需设置水生植物种植槽的,在放样时应明确,以防超挖而造成浪费;种植槽深度应视设计种植的水生植物特性决定。

(3)做池底基层:一般硬土层上只需用 C10 素混凝土找平约100 mm 厚,然后在找平层上浇捣刚性池底;如土质较松软,则必须经结构计算后设置块石垫层、碎石垫层、素混凝土找平层后,方可进行池底浇捣。

(4)池底、壁结构施工:按设计要求,用钢筋混凝土作结构主体的,必须先支模板,然后扎池底、壁钢筋;两层钢筋间需采用专用钢筋撑脚支撑,已完成的钢筋严禁踩踏或堆压重物。

浇捣混凝土需先底板、后池壁;如基底土质不均匀,为防止不均匀沉降造成水池开裂,可采用橡胶止水带分段浇捣;如水池面积过大,可能造成混凝土收缩裂缝的,则可采用后浇带法解决。

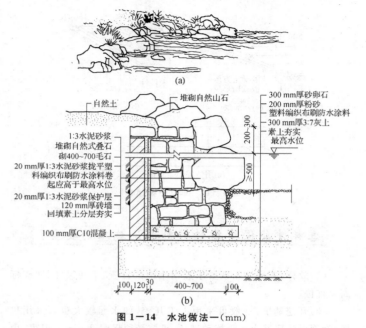

图1—14 水池做法—(mm)

如要采用砖、石作为水池结构主体的,必须采用 M7.5～M10
水泥砂浆砌筑底,灌浆饱满密实,在炎热天要及时洒水养护砌筑体。

(5)水池粉刷:为保证水池防水可靠,在作装饰前,首先应做好
蓄水试验,在灌满水 24 h 后未有明显水位下降后,即可对池底、壁
结构层采用防水砂浆粉刷,粉刷前要将池水放干清洗,不得有积水、
污渍,粉刷层应密实牢固,不得出现空鼓现象。

图 1—15

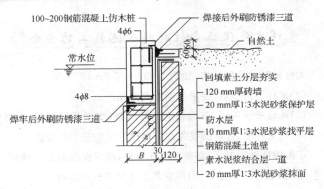

100~200钢筋混凝土仿木桩

焊接后外刷防锈漆三道

4φ6

自然土

常水位

回填素土分层夯实

120 mm厚砖墙

20 mm厚1:3水泥砂浆保护层

4φ8

防水层

10 mm厚1:3水泥砂浆找平层

焊牢后外刷防锈漆三道

钢筋混凝土池壁

素水泥浆结合层一道

20 mm厚1:3水泥砂浆抹面

B 30 120

图1—15　水池做法二（mm）

(a)

200 mm厚砂卵石(最薄50 mm厚)

20 mm厚1:3水泥砂浆保护层

防水层

20 mm厚1:3水泥砂浆保护层

钢筋混凝土池底

素土夯实

200 200

常水位

B/2

B

8°~15°

(b)

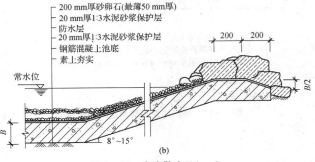

图1—16　水池做法三（mm）

怎样才能保障柔性材料水池施工的安全?

柔性材料水池的结构,如图1—17~图1—19所示。

(1)放样、开挖基坑要求与刚性水池相同。

(2)池底基层施工:在地基土条件极差(如淤泥层很深,难以全部清除)的条件下,才有必要考虑采用刚性水池基层的做法。

不做刚性基层时,可将原土夯实整平,然后在原土上回填300~500 mm的黏性黄土压实,即可在其上铺设柔性防水材料。

(3)水池柔性材料的铺设:铺设时应从最低标高开始向高标高位置铺设;在基层面应先按照卷材宽度及搭接长度要求弹线,然后逐幅分割铺贴,搭接也要用专用胶黏剂满涂后压紧,防止出现毛细缝。卷材底空气必须排出,最后在每个搭接边再用专用自粘式封口条封闭。一般搭接边长边不得小于80 mm,短边不得小于150 mm。

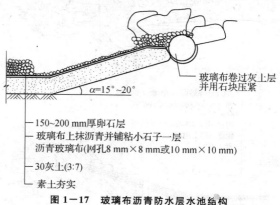

玻璃布卷过灰上层
并用石块压紧

$\alpha=15°\sim20°$

— 150~200 mm厚卵石层
— 玻璃布上抹沥青并铺粘小石子一层
   沥青玻璃布(网孔8 mm×8 mm或10 mm×10 mm)
— 30灰土(3:7)
— 素土夯实

图1—17　玻璃布沥青防水层水池结构

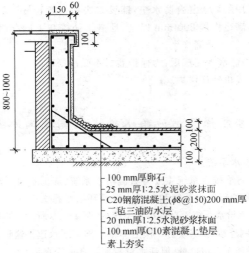

- 100 mm厚卵石
- 25 mm厚1:2.5水泥砂浆抹面
- C20钢筋混凝土(φ8@150)200 mm厚
- 二毡三油防水层
- 20 mm厚1:2.5水泥砂浆抹面
- 100 mm厚C10素混凝土垫层
- 素土夯实

图1—18　油毡防水层水池结构（mm）

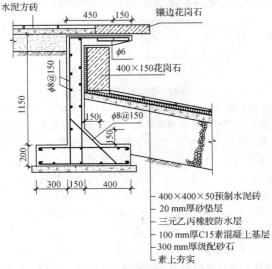

- 400×400×50预制水泥砖
- 20 mm厚砂垫层
- 三元乙丙橡胶防水层
- 100 mm厚C15素混凝土基层
- 300 mm厚级配砂石
- 素土夯实

图1—19　三元乙丙橡胶防水层水池结构（mm）

如采用膨润土复合防水垫,铺设方法和一般卷材类似,但卷材搭接处需满足搭接 200 mm 以上,且搭接处按 0.4 kg/m 铺设膨润土粉压边,防止渗漏产生。

（4）柔性水池完成后,为保护卷材不受冲刷破坏,一般需在面上铺压卵石或粗砂作保护。

怎样才能保障水池给水排水系统施工的安全?

（1）给水系统。

水池的给排水系统主要有直流给水系统、陆上水泵循环给水系统、潜水泵循环给水系统和盘式水景循环给水系统等四种形式。

1）直流给水系统。直流给水系统,如图 1—20 所示。将喷头直接与给水管网连接,喷头喷射一次后即将水排至下水道。这种系统构造简单、维护简单且造价低,但耗水量较大。直流给水系统常与假山、盆景配合,作小型喷泉、瀑布、孔流等,适合在小型庭院、大厅内设置。

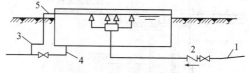

图 1—20 直流给水系统

1—给水管;2—止回隔断阀;3—排水管;4—池水管;5—溢流管

2）陆上水泵循环给水系统。陆上水泵循环给水系统,如图 1—21 所示。该系统设有贮水池、循环水泵房和循环管道,喷头喷射后的水多次循环使用,具有耗水量少、运行费用低的优点。但系统较复杂,占地较多,管材用量较大,投资费用高,维护管理麻烦。此种系统适合各种规模和形式的水景,一般用于较开阔的场所。

3）潜水泵循环给水系统。潜水泵循环给水系统,如图 1—22 所示。该系统设有贮水池,将成组喷头和潜水泵直接放在水池内作循环使用。这种系统具有占地少,投资低,维护管理简单,耗水量少的优点,但是水姿花形控制调节较困难。潜水泵循环给水系统适用于各种形式的中型或小型喷泉、水塔、涌泉、水膜等。

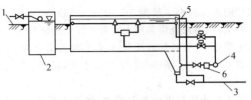

图 1—21　陆上水泵循环给水系统

1—给水管;2—补给水井;3—排水管;

4—循环水泵;5—溢流管;6—过滤器

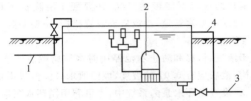

图 1—22　潜水泵循环给水系统

1—给水管;2—潜水泵;3—排水管;4—溢流管

4)盘式水景循环给水系统。盘式水景循环给水系统,如图 1—23所示。该系统设有集水盘、集水井和水泵房。盘内铺砌踏石构成甬路。喷头设在石隙间,适当隐蔽。人们可在喷泉间穿行,满足人们的亲水感、增添欢乐气氛。该系统不设贮水池,给水均循环利用,耗水量少,运行费用低,但存在循环水易被污染、维护管理较麻烦的缺点。

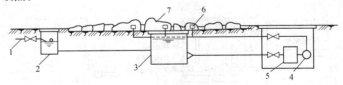

图 1—23　盘式水景循环给水系统

1—给水管;2—补给水井;3—集水井;

4—循环泵;5—过滤器;6—喷头;7—踏石

上述几种系统的配水管道宜以环状形式布置在水池内,小型水池也可埋入池底,大型水池可设专用管廊。一般水池的水深采用0.4~0.5 m,超高为 0.25~0.3 m。水池充水时间按 24~48 h 考

虑。配水管的水头损失一般为 5～10 mmH$_2$O/m 为宜。配水管道接头应严密平滑,转弯处应采用大转弯半径的光滑弯头。每个喷头前应有不小于 20 倍管径的直线管段;每组喷头应有调节装置,以调节射流的高度或形状。循环水泵应靠近水池,以减少管道的长度。

(2)排水系统。

为维持水池水位和进行表面排污,保持水面清洁,水池应有溢流口。常用的溢流形式有堰口式、漏斗式、管口式和联通管式等,如图 1－24 所示。大型水池宜设多个溢流口,均匀布置在水池中间或周边。溢流口的设置不能影响美观,并要便于清除积污和疏通管道,为防止漂浮物堵塞管道,溢流口要设置格栅,格栅间隙应不大于管径的 1/4。

为便于清洗、检修和防止水池停用时水质腐败或池水结冰,影响水池结构,池底应有 0.01 的坡度,坡向泄水口。若采用重力泄水有困难时,在设置循环水泵的系统中,也可利用循环水泵泄水,并在水泵吸水口上设置格栅,以防水泵装置和吸水管堵塞,一般栅条间隙不大于管道直径的 1/4。

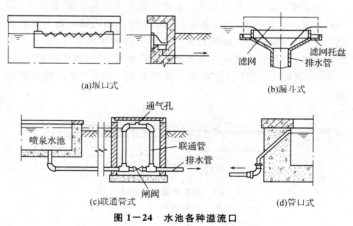

图 1－24　水池各种溢流口

怎样才能保障喷泉管道施工的安全？

(1)喷泉管道要根据实际情况布置。装饰性小型喷泉，其管道可直接埋入土中，或用山石、矮灌木遮盖。大型喷泉，分主管和次管，主管要敷设在可通行人的地沟中，为了便于维修应设检查井；次管直接置于水池内。管网布置应排列有序，整齐美观。

(2)环形管道最好采用十字形供水，组合式配水管宜用分水箱供水，其目的是要获得稳定等高的喷流。

(3)为了保持喷水池正常水位，水池要设溢水口。溢水口面积应是进水口面积的 2 倍，要在其外侧配备拦污栅，但不得安装阀门。溢水管要有 3% 的顺坡，直接与泄水管连接。

(4)补给水管的作用是启动前的注水及弥补池水蒸发和喷射的损耗，以保证水池正常水位。补给水管与城市供水管相连，并安装阀门控制。

(5)泄水口要设于池底最低处，用于检修和定期换水时的排水。管径 100 mm 或 150 mm，也可按计算确定，安装单向阀门，和公园水体和城市排水管网连接。

(6)连接喷头的水管不能有急剧变化，要求连接管至少有 20 倍其管径的长度。如果不能满足时，需安装整流器。

(7)喷泉所有的管线都要具有不小于 2% 的坡度，便于停止使用时将水排空；所有管道均要进行防腐处理；管道接头要严密，安装必须牢固。

(8)管道安装完毕后，应认真检查并进行水压试验，保证管道安全，一切正常后再安装喷头。为了便于水型的调整，每个喷头都应安装阀门控制。

怎样才能保障喷水池施工的安全？

水池由基础、防水层、池底、池壁、压顶等部分组成，如图 1—25 所示。

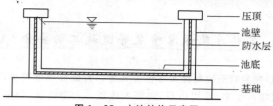

图1—25 水池结构示意图

（1）基础。

基础是水池的承重部分，由灰土和混凝土层组成。施工时先将基础底部素土夯实（密实度不得小于85%）；灰土层一般厚30 cm（3份石灰7份中性黏土）；C10混凝土垫层厚10～15 cm。

（2）防水层。

1）沥青材料：主要有建筑石油沥青和专用石油沥青两种。专用石油沥青可在音乐喷泉的电缆防潮防腐中使用。建筑石油沥青与油毡结合形成防水层。

2）防水卷材：品种有油毡、油纸、玻璃纤维毡片、三元乙丙再生胶及603防水卷材等。其中油毡应用最广，三元乙丙再生胶用于大型水池、地下室、屋顶花园作防水层效果较好；603防水卷材是新型防水材料，具有强度高、耐酸碱、防水防潮、不易燃有弹性、寿命长抗裂纹等优点，且能在−50℃～80℃环境中使用。

3）防水涂料：常见的有沥青防水涂料和合成树脂防水涂料两种。

4）防水嵌缝油膏：主要用于水池变形缝防水填缝，种类较多。按施工方法的不同分为冷用嵌缝油膏和热用灌缝胶泥两类。其中上海油膏、马牌油膏、聚氯乙烯胶泥、聚氯酯沥青弹性嵌缝胶等性能较好，质量可靠，使用较广。

5）防水剂和注浆材料：防水剂常用的有硅酸钠防水剂、氯化物金属盐防水剂和金属皂类防水剂。注浆材料主要有水泥砂浆、水泥玻璃浆液和化学浆液3种。

水池防水材料的选用，可根据具体要求确定，一般水池用普通防水材料即可。钢筋混凝土水池也可采用抹5层防水砂浆（水泥加防水粉）做法。临时性水池还可将吹塑纸、塑料布、聚苯板组合起来使用，也有很好的防水效果。

(3)池底。

池底直接承受水的竖向压力,要求坚固耐久。多用钢筋混凝土池底,一般厚度大于 20 cm;如果水池容积大,要配双层钢筋网。施工时,每隔 20 m 选择最小断面处设变形缝(伸缩缝、防震缝),变形缝用止水带或沥青麻丝填充;每次施工必须由变形缝开始,不得在中间留施工缝,以防漏水,如图 1—26~图 1—28 所示。

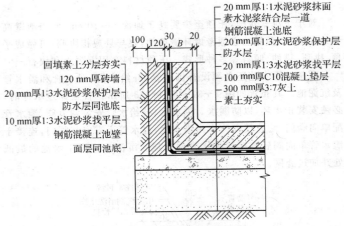

图 1—26 池底做法(mm)

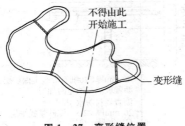

图 1—27 变形缝位置

(4)池壁。

池壁是水池的竖向部分,承受池水的水平压力,水愈深容积愈大,压力也愈大。池壁一般有砖砌池壁、块石池壁和钢筋混凝土池壁 3 种,如图 1—29 所示。壁厚视水池大小而定,砖砌池壁一般采

用标准砖、M7.5水泥砂浆砌筑,壁厚不小于 240 mm。砖砌池壁虽然具有施工方便的优点,但红砖多孔,砌体接缝多,易渗漏,不耐风化,使用寿命短。块石池壁自然朴素,要求垒砌严密,勾缝紧密。混凝土池壁用于厚度超过 400 mm 的水池,C20混凝土现场浇筑。钢筋混凝土池壁厚度多小于 300 mm,常用 150～200 mm,宜配 $\phi8$ mm、$\phi12$ mm 钢筋,中心距多为 200 mm,如图 1—30 所示。

(5)压顶。

对于下沉式水池,压顶至少要高于地面 5～10 cm;而当池壁高于地面时,压顶做法必须考虑环境条件,要与景观相协调,可做成平顶、拱顶、挑伸、倾斜等多种形式。压顶材料常用混凝土和块石。

完整的喷水池还必须设有供水管、补给水管、泄水管和溢水管及沉泥池。其布置如图 1—31～图 1—33 所示。管道穿过水池时,必须安装止水环,以防漏水。供水管、补给水管安装调节阀;泄水管配单向阀门,防止反向流水污染水池;溢水管无需安装阀门,连接于泄水管单向阀后直接与排水管网连接。沉泥池应设于水池的最低处并加过滤网。

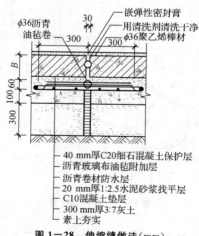

图 1—28　伸缩缝做法(mm)

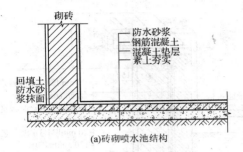

(a)砖砌喷水池结构

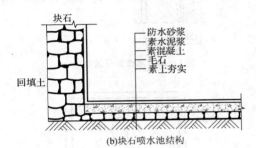

(b)块石喷水池结构

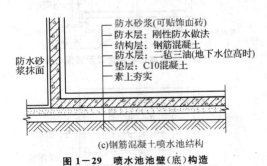

(c)钢筋混凝土喷水池结构

图1-29 喷水池池壁(底)构造

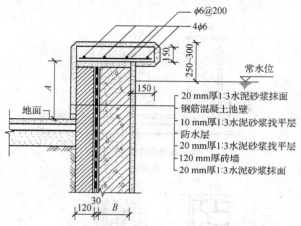

图1—30 池壁常见做法（mm）

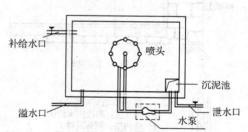

图1—31 水泵加压喷泉管口示意图（mm）

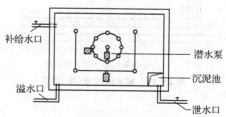

图1—32 潜水泵加压喷泉管口示意图

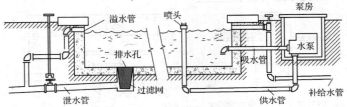

图 1—33　喷水池管线系统示意图

　　图 1—34 是喷水池中管道穿过池壁的常见做法。图 1—35 是在水池内设置集水坑,以节省空间。集水坑有时也用作沉泥池,此时,要定期清淤,且于管口处设置格栅。图 1—36 是为防淤塞而设置的挡板。

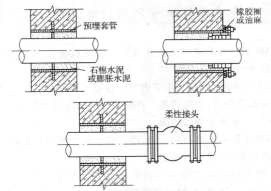

图 1—34　管道穿池壁做法

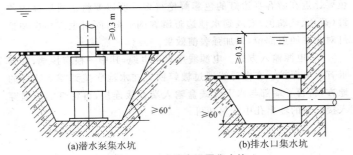

(a)潜水泵集水坑　　　　(b)排水口集水坑

图 1—35　水池内设置集水坑

23

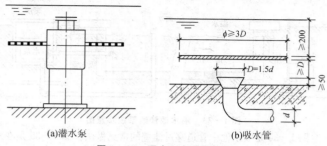

(a)潜水泵　　　　　　　(b)吸水管

图1—36　吸水口上设置挡板

怎样才能保障喷泉照明施工的安全?

（1）照明灯具应密封防水并具有一定的机械强度,以抵抗水浪和意外的冲击。

（2）水下布线,应满足水下电气设备施工相关技术规程规定,为防止线路破损漏电,需常检验。严格遵守先通水浸没灯具,后开灯;再先关灯,后断水的操作规程。

（3）灯具要易于清扫和检验,防止异物水浮游生物的附着积淤。宜定期清扫换水,添加灭藻剂。

（4）灯光的配色,要防止多种色彩叠加后得到白色光,造成消失局部的彩色。当在喷头四周配置各种彩灯时,在喷头背后色灯的颜色要比近在游客身边灯的色彩鲜艳得多。所以要将透射比高的色灯(黄色、玻璃色)安放到水池边近游客的一侧,同时也应相应调整灯对光柱照射部位,以加强表演效果。

（5）电源输入方式。电源线用水下电缆,其中一根应接地,并要求有漏电保护。在电源线通过镀锌铁管在水池底接到需要装灯的地方,将管子端部与水下接线盒输入端直接连接,再将灯的电缆穿入接线盒的输出孔中密封即可。

第二章

园路和园桥工程施工安全

怎样才能保障园路路面施工的安全?

(1)放线。按路面设计中的中线,在地面上每 20～50 m 放一中心桩,在弯道的曲线上,应在曲线的两端及中间各放一中心桩。在每一中心桩上要写上桩号。然后以中心桩为基准,定出边桩。沿着两边的边桩连成圆滑的曲线,这就是路面的平曲线。

(2)准备路槽。按设计路面的宽度,每侧放出 20 cm 挖槽。路槽的深度应与路面的厚度相等,并且要有 2%～3% 的横坡度,使其成为中间高、两边低的圆弧形或折线形。

路槽挖好后,洒上水,使土壤湿润,然后用蛙式跳夯夯 2～3 遍,槽面平整度允许误差在 2 cm 以下。

(3)地基施工。首先确定路基作业使用的机械及其进入现场的日期;重新确认水准点;调整路基表面高程与其他高程的关系;然后进行路基的填挖、整平、碾压作业。按已定的园路边线,每侧放宽 200 mm 开挖路基的基槽;路槽深度应等于路面的厚度。按设计横坡度,进行路基表面整平,再碾压或打夯,压实路槽地面;路槽的平整度允许误差不大于 20 mm。对填土路基,要分层填土分层碾压;对于软弱地基,要做好加固处理。施工中注意随时检查横断面坡度和纵断面坡度。其次,要用暗渠、侧沟等排除流入路基的地下水、涌水、雨水等。

(4)垫层施工。运入垫层材料,将灰土、砂石按比例混合。进行垫层材料的铺垫,刮平和碾压。如用灰土做垫层,铺垫一层灰土就叫一步灰土,一步灰土的夯实厚度应为 150 mm;而铺填时的厚度根据土质不同,在 210～240 mm 之间。

(5)路面基层施工。确认路面基层的厚度与设计标高;运入基层

25

材料,分层填筑。基层的每层材料施工碾压厚度是:下层为 200 mm
以下,上层 150 mm 以下;基层的下层要进行检验性碾压。基层经碾
压后,没有到达设计标高的,应该翻起已压实部分,一面摊铺材料,一
面重新碾压,直到压实为设计标高的高度。施工中的接缝,应将上次
施工完成的末端部分翻起来,与本次施工部分一起滚碾压实。

(6)面层施工准备。在完成的路面基层上,重新定点、放线,放
出路面的中心线及边线。设置整体现浇路面边线处的施工挡板,确
定砌块路面的砌块行列数及拼装方式。面层材料运入现场。

怎样才能保障园路散料类面层铺砌施工质量要求?

(1)土路。完全用当地的土加入适量砂和消石灰铺筑。常用于
游人少的地方,或作为临时性道路。

(2)草路。一般用在排水良好,游人不多的地段,要求路面不积
水,并选择耐践踏的草种,如绊根草、结缕草等。

(3)碎料路。施工方法:先铺设基层,一般用砂作基层,当砂不
足时,可以用煤渣代替。基层厚 20~25 cm,铺后用轻型压路机压
2~3 次。面层(碎石层)一般为 14~20 cm 厚,填后平整压实。当
面层厚度超过 20 cm 时,要分层铺压,下层 12~16 cm,上层 10 cm。
面层铺设的高度应比实际高度大些。

怎样才能保障园路胶结料类面层铺砌施工的安全?

(1)水泥混凝土面层施工。

1)核实、检验和确认路面中心线、边线及各设计标高点的正确无误。

2)若是钢筋混凝土面层,则按设计选定钢筋并编扎成网。钢筋
网应在基层表面以上架离,架离高度应距混凝土面层顶面 50 mm。
钢筋网接近顶面设置要比在底部加筋更能保证防止表面开裂,也更
便于充分捣实混凝土。

3)按设计的材料比例,配制、浇筑、捣实混凝土,并用长 1 m 以
上的直尺将顶面刮平。顶面稍干一点,再用抹灰砂板抹平至设计标

高。施工中要注意做出路面的横坡与纵坡。

4)混凝土面层施工完成后,应即时开始养护。养护期应为 7 d
以上,冬期施工后的养护期还应更长些。可用湿的织物、稻草、锯木
粉、湿砂及塑料薄膜等覆盖在路面上进行养护。冬季寒冷,养护期
中要经常用热水浇洒,要对路面保温。

5)混凝土路面因热胀冷缩可能造成破坏,故在施工完成、养护
一段时间后用专用锯割机按 6~9 m 间距割伸缩缝,深度约 50 mm。
缝内要冲洗干净后用弹性胶泥嵌缝。园林施工中也常用楔形木条
预埋、浇捣混凝土后拆除的方法留伸缩缝,还可免去锯割手续。

(2)简易水泥路。

底层铺碎砖瓦 6~8 cm 厚,也可用煤渣代替。压平后铺一层极
薄的水泥砂浆(粗砂)抹平、浇水、养护 2~3 d 即可,此法常用于小
路。也可在水泥路上划成方格或各种形状的花纹,既增加艺术性,
也增强实用性。

怎样才能保障园路道牙、边条、槽块施工的安全?

道牙基础宜与地床同时填挖碾压,以保证有整体的均匀密实
度。结合层用 1:3 的白砂浆 2 cm。安道牙要平稳、牢固,后用
M10 水泥砂浆勾缝,道牙背后应用灰土夯实,其宽度 50 mm,厚度
15 cm,密实度值在 90% 以上。

边条用于较轻的荷载处,且尺寸较小,一般 50 mm,宽 150~
250 mm 高,特别适用于步行道、草地或铺砌场地的边界。施工时
应减轻它作为垂直阻拦物的效果,增加它对地基的密封深度。边条
铺砌的深度相对于地面应尽可能低些,如广场铺地,边条铺砌可与
铺地地面相平。槽块分凹面槽块和空心槽块,一般紧靠道牙设置,
以利于地面排水,路面应稍稍高于槽块。

怎样才能保障园桥基础施工的质量?

(1)基础与拱碹工程施工。

1)模板安装。模板是施工过程中的临时性结构,对梁体的制作十分重要。桥梁工程中常用空心板梁的木制芯模构造。

模板在安装过程中,为避免壳板与混凝土黏结,通常均需在壳板面上涂以隔离剂,如石灰乳浆、肥皂水或废机油等。

2)钢筋成型绑扎。在钢筋绑扎前要先拟定安装顺序。一般的梁肋钢筋,先放箍筋,再安下排主筋,后装上排钢筋。

3)混凝土搅拌。混凝土一般应采用机械搅拌,上料的顺序一般是先石子,次水泥,后砂子。人工搅拌只许用于少量混凝土工程的塑性混凝土或硬性混凝土。不管采用机械或人工搅拌,都应使石子表面包满砂浆、拌和料混合均匀、颜色一致。人工拌和应在铁板或其他不渗水的平板上进行,先将水泥和细骨料拌匀,再加入石子和水,拌至材料均匀、颜色一致为止,如需掺外加剂,应先将外加剂调成溶液,再加入拌和水中,与其他材料拌匀。

4)浇捣。当构件的高度(或厚度)较大时,为了保证混凝土能振捣密实,就应采用分层浇筑法。浇筑层的厚度与混凝土的稠度及振捣方式有关,在一般稠度下,用插入式振捣器振捣时,浇筑层厚度为振捣器作用部分长度的 1.25 倍;用平板式振捣器时,浇筑厚度不超过 20 cm。薄腹 T 型梁或箱形的梁肋,当用侧向附着式振捣器振捣时,浇筑层厚度一般为 30~40 cm。采用人工捣固时,视钢筋密疏程度,通常取浇筑厚度为 15~25 cm。

5)养护。在混凝土终凝后,在构件上覆盖草袋、麻袋、稻草或砂子,经常洒水,以保持构件经常处于湿润状态。这是 5℃ 以上桥梁施工的自然养护。

6)灌浆。石活安装好后,先用麻刀灰对石活接缝进行勾缝(如缝子很细,可勾抹油灰或石膏)以防灌浆时漏浆。灌浆前最好先灌注适量清水,以湿润内部空隙,有利于灰浆的流动。灌浆应在预留的"浆口"进行,一般分三次灌入,第一次要用较稀的浆,后两次逐渐加稠,每次相隔 3~4 h。灌完浆后,应将弄脏的石面洗刷干净。

(2)细石安装。

石活的连接方法一般有三种,即:构造连接、铁件连接和灰浆连接。

构造连接是指将石活加工成公母榫卯、做成高低企口的"磕绊"、剔凿成凸凹仔口等形式,进行相互咬合的一种连接方式。

铁件连接是指用铁制拉接件,将石活连接起来,如铁"拉扯"、铁"银锭"、铁"扒锔"等。铁"拉扯"是一种长脚丁字铁,将石构件打凿成丁字口和长槽口,埋入其中,再灌入灰浆。铁"银锭"是两头大,中间小的铁件,需将石构件剔出大小槽口,将银锭嵌入。铁"扒锔"是一种两脚扒钉,将石构件凿眼钉入。

灰浆连接是最常用的一种方法,即采用铺垫坐浆灰、灌浆汁或灌稀浆灰等方式,进行砌筑连接。灌浆所用的灰浆多为桃花浆、生石灰浆或江米浆。

1)砂浆。一般用水泥砂浆,指水泥、砂、水按一定比例配制成的浆体。对于配制构件的接头、接缝加固、修补裂缝应采用膨胀水泥。运输砂浆时,要保证砂浆具有良好的和易性,和易性良好的砂浆容易在粗糙的表面抹成均匀的薄层,砂浆的和易性包括流动性和保水性两个方面。

2)金刚墙。金刚墙是指券脚下的垂直承重墙,即现代的桥墩,有叫"平水墙"。梢孔(即边孔)内侧以内的金刚墙一般做成分水尖形,故称为"分水金刚墙"。梢孔外侧的叫"两边金刚墙"。

3)碹石。碹石古时多称券石,在碹外面的称碹脸石,在碹脸石内的叫碹石,主要是加工面的多少不同,碹脸石可雕刻花纹,也可加工成光面。

4)檐口和檐板。建筑物屋顶在檐墙的顶部位置称檐口。钉在檐口处起封闭作用的板称为檐板。

5)型钢。型钢指断面呈不同形状的钢材的统称。断面呈 L 形的叫角钢,呈 U 形的叫槽钢,呈圆形的叫圆钢,呈方形的叫方钢,呈工字形的叫工字钢,呈 T 型的叫 T 字钢。

将在炼钢炉中冶炼后的钢水注入锭模,烧铸成柱状的是钢锭。

(3)混凝土构件。

混凝土构件制作的工程内容有模板制作、安装、拆除、钢筋成型绑扎、混凝土搅拌运输、浇捣、养护等全过程。

1)模板制作

①木模板配制时要注意节约,考虑周转使用以及以后的适当改

制使用;

②配制模板尺寸时,要考虑模板拼装结合的需要;

③拼制模板时,板边要找平刨直,接缝严密,不漏浆;木料上有节疤、缺口等疵病的部位,应放在模板反面或者截去,钉子长度一般宜为木板厚度的2～2.5倍;

④直接与混凝土相接触的木模板宽度不宜大于20 cm;工具式木模板宽度不宜大于15 cm梁和板的底板,如采用整块木板,其宽度不加限制;

⑤混凝土面不做粉刷的模板,一般宜刨光;

⑥配制完成后,不同部位的模板要进行编号,写明用途,分别堆放,备用的模板要遮盖保护,以免变形。

2)拆模。模板安装主要是用定型模板和配制以及配件支承件根据构件尺寸拼装成所需模板。及时拆除模板,将有利于模板的周转和加快工程进度,拆模要把握时机,应使混凝土达到必要的强度。拆模时要注意以下几点:

①拆模时不要用力过猛过急,拆下来的木料要及时运走、整理;

②拆模程序一般是后支的先拆,先支的后拆,先拆除非承重部分,后拆除承重部分,重大复杂模板的拆除,事先应预先制定拆模方案;

③定型模板,特别是组合式钢模板要加强保护,拆除后逐块传递下来,不得抛掷,拆下后,即清理干净,板面涂油,按规格堆放整齐,以利于再用。如背面油漆脱落,应补刷防锈漆。

怎样才能保障园桥桥面施工的质量?

(1)桥面铺装。桥面铺装的作用是防止车轮轮胎或履带直接磨耗行车道板;保护主梁免受雨水浸蚀,分散车轮的集中荷载。因此桥面铺装的要求是:具有一定强度,耐磨,防止开裂。

桥面铺装一般采用水泥混凝土或沥青混凝土,厚6～8 cm,混凝土强度等级不低于行车道板混凝土的强度等级。在不设防水层的桥梁上,可在桥面上铺装厚8～10 cm有横坡的防水混凝土,其强度等级亦不低于行车道板的混凝土强度等级。

(2)桥面排水和防水。桥面排水是借助于纵坡和横坡的作用,使桥面水迅速汇向集水碗,并从泄水管排出桥外。横向排水是在铺装层表面设置1.5‰～2‰的横坡,横坡的形成通常是铺设混凝土三角垫层构成,对于板桥或就地建筑的肋梁桥,也可在墩台上直接形成横坡,而做成倾斜的桥面板。

当桥面纵坡大于2‰而桥长小于50 m时,桥上可不设泄水管,而在车行道两侧设置流水槽以防止雨水冲刷引道路基,当桥面纵坡大于2‰但桥长大于50 m时,应沿桥长方向12～15 m设置一个泄水管,如桥面纵坡小于2‰,则应将泄水管的距离减小至6～8 m。

桥面防水是将渗透过铺装层的雨水挡住并汇集到泄水管排出。一般可在桥面上铺8～10 cm厚的防水混凝土,其强度等级一般不低于桥面板混凝土强度等级。当对防水要求较高时,为了防止雨水渗入混凝土微细裂纹和孔隙,保护钢筋时,可以采用"三油三毡"防水层。

(3)伸缩缝。为了保证主梁在外界变化时能自由变形,就需要在梁与桥台之间,梁与梁之间设置伸缩缝(也称变形缝)。伸缩缝的作用除保证梁自由变形外,还能使车辆在接缝处平顺通过,防止雨水及垃圾泥土等渗入,其构造应方便施工安装和维修。

常用的伸缩缝有:U形镀锌薄钢板式伸缩缝、钢板伸缩缝、橡胶伸缩缝。

(4)人行道、栏杆和灯柱。城市桥梁一般均应设置人行道,人行道一般采用肋板式构造。

栏杆是桥梁的防护设备,城市桥梁栏杆应该美观实用、朴素大方,栏杆高度通常为1.0～1.2 m,标准高度是1.0 m。栏杆柱的间距一般为1.6～2.7 m,标准设计为2.5 m。

城市桥梁应设照明设备,照明灯柱可以设在栏杆扶手的位置上,也可靠近边缘石处,其高度一般高出车道5 m左右。

(5)梁桥的支座。梁桥支座的作用是将上部结构的荷载传递给墩台,同时保证结构的自由变形,使结构的受力情况与计算简图相一致。

梁桥支座一般按桥梁的跨径、荷载等情况分为:简易垫层支座、弧形钢板支座、钢筋混凝土摆柱、橡胶支柱。

第三章

园林假山工程施工安全

怎样才能保障园林假山基础施工的安全？

（1）浅基础施工。

浅基础是在原地形上略加整理、符合设计地貌后经夯实后的基础。此类基础可节约山石材料，但为符合设计要求，有的部位需垫高，有的部位需挖深以造成起伏。这样使夯实平整地面工作变得较为琐碎。对于软土、泥泞地段，应进行加固或清淤处理，以免日后基础沉陷。此后，即可对夯实地面铺筑垫层，并砌筑基础。

（2）深基础施工。

深基础是将基础埋入地面以下的基础，应按基础尺寸进行挖土，严格掌握挖土深度和宽度，一般假山基础的挖土深度为50～80 cm，基础宽度多为山脚线向外50 cm。土方挖完后夯实整平，然后按设计铺筑垫层和砌筑基础。

（3）桩基础施工。

桩基础多为短木桩或混凝土桩，打桩位置、打桩深度应按设计要求进行，桩木按梅花形排列，称"梅花桩"。桩木顶端可露出地面或湖底10～30 cm，其间用小块石嵌紧嵌平，再用平正的花岗石或其他石材铺一层在顶上，作为桩基的压顶石或用灰土填平夯实。混凝土桩基的做法和木桩桩基一样，也有在桩基顶上设压顶石与设灰土层的两种做法。

基础施工完成后，要进行第二次定位放线。在基础层的顶面重新绘出假山的山脚线。并标出高峰、山岩和其他陪衬山的中心点和山洞洞桩位置。

怎样才能保障园林假山山脚施工的安全？

（1）拉底。

1）底层山脚石应选择大小合适、不易风化的山石。

2）每块山脚石必须垫平垫实，不得有丝毫摇动。

3）各山石之间要紧密咬合。

4）拉底的边缘要错落变化，避免做成平直和浑圆形状的脚线。

（2）起脚。

拉底之后，开始砌筑假山山体的首层山石层叫"起脚"。

起脚时，定点、摆线要准确。先选到山脚突出点的山石，并将其沿着山脚线先砌筑上，待多数主要的凸出点山石都砌筑好了，再选择和砌筑平直线、凹进线处所用的山石。这样，既保证了山脚线按照设计而成弯曲转折状，避免山脚平直的毛病，又使山脚突出部位具有最佳的形状和最好的皱纹，增加了山脚部分的景观效果。

（3）做脚。

做脚，就是用山石砌筑成山脚，它是在假山的上面部分山形山势大体施工完成以后，于紧贴起脚石外缘部分拼叠山脚，以弥补起脚造型不足的一种操作技法。所做的山脚石起脚边线的做法常用的有：点脚法、连脚法和块面法。

1）点脚法。即在山脚边线上，用山石每隔不同的距离作墩点，用片块状山石盖于其上，做成透空小洞穴，如图3-1(a)所示。这种做法多用于空透型假山的山脚。

2）连脚法。即按山脚边线连续摆砌弯弯曲曲、高低起伏的山脚石，形成整体的连线山脚线，如图3-1(b)所示。这种做法各种山形都可采用。

3）块面法。即用大块面的山石，连线摆砌成大凸大凹的山脚线，使凸出凹进部分的整体感都很强，如图3-1(c)所示。这种做法多用于造型雄伟的大型山体。

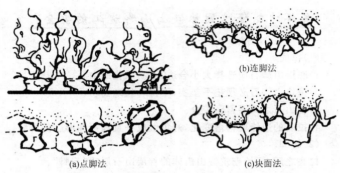

(b)连脚法

(a)点脚法

(c)块面法

图3—1 做脚的三种方法

怎样才能保障园林假山山石固定施工的安全？

（1）支撑。

山石吊装到山体一定位点上，经过调整后，可使用木棒支撑将山石固定在一定的状态上。使山石临时固定下来。以木棒的上端顶着山石的凹处，木棒的下端则斜着落在地面，并用一块石头将棒脚压住（图3—2）。一般每块山石都要用2～4根木棒支撑。此外铁棍或长形山石，也可作为支撑材料。

（2）捆扎。

山石的固定，还可采用捆扎的方法（图3—2）。山石捆扎固定一般采用8号或10号钢丝。用单根或双根铅丝做成圈，套上山石，并在山石的接触面垫上或抹上水泥砂浆后再进行捆扎。捆扎时铅丝圈先不必收紧，应适当松一点；然后再用小钢钎（錾子）将其绞紧，使山石固定，此方法适用于小块山石，对大块山石应以支撑为主。

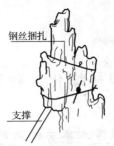

钢丝捆扎

支撑

图3—2　山石捆扎与支撑

怎样才能保障园林假山 山石勾缝和胶结施工的安全？

(1)现代假山施工基本上全用水泥砂浆或混合砂浆来胶合山石。水泥砂浆的配制,是用普通灰色水泥和粗砂,按1∶1.5～1∶2.5比例加水调制而成,主要用来粘合石材、填充山石缝隙和为假山抹缝。有时,为了增加水泥砂浆的和易性和对山石缝隙的充满度,可以在其中加进适量的石灰浆,配成混合砂浆。

湖石勾缝再加青煤,黄石勾缝后刷铁屑盐卤,使缝的颜色与石色相协调。

(2)胶结操作要点如下。

1)胶结用水泥砂浆要现配现用。

2)待胶合山石石面应事先刷洗干净。

3)待胶合山石石面应都涂上水泥砂浆(混合砂浆),并及时互贴合、支撑捆扎固定。

4)胶合缝应用水泥砂浆(混合砂浆)补平填平填满。

5)胶合缝与山石颜色相差明显时,应用水泥砂浆(混合砂浆硬化前)对胶合缝撒布同色山石粉或砂子进行变色处理。

第四章

园林绿化工程施工安全

怎样才能保障木本苗植物的质量要求？

(1)乔木类苗木。

乔木类常用苗木产品主要规格质量标准如表4—1所示。

1)乔木类苗木产品的主要质量要求：具主轴的应有主干枝，主枝应分布均匀，干径在3.0 cm以上。

2)阔叶乔木类苗木产品质量以干径、树高、苗龄、分枝点高、冠径和移植次数为规定指标；针叶乔木类苗木产品质量规定标准以树高、苗龄、冠径和移植次数为规定指标。

3)行道树用乔木类苗木产品的主要质量规定指标为：阔叶乔木类应具主枝3～5支，干径不小于4.0 cm，分枝点高不小于2.5 m；针叶乔木应具主轴，有主梢。

注：分枝点高等具体要求，应根据树种的不同特点和街道车辆交通量，由各地另行规定。

表4—1 乔木类常用苗木产品的主要规格质量标准

类型	树 种	树高(m)	干径(m)	苗龄(a)	冠径(m)	分枝点高(m)	移植次数(次)
绿针叶乔木	南洋杉	2.5～3	—	6～7	1.0	—	2
	冷 杉	1.5～2	—	7	0.8	—	2
	雪 松	2.5～3	—	6～7	1.5	—	2
	柳 杉	2.5～3	—	5～6	1.5	—	2
	云 杉	1.5～2	—	7	0.8	—	2
	侧 柏	2～2.5	—	5～7	1.0	—	2
	罗汉松	2～2.5	—	6～7	1.0	—	2
	油 松	1.5～2	—	8	1.0	—	3

续上表

类型	树种	树高（m）	干径（m）	苗龄（a）	冠径（m）	分枝点高（m）	移植次数（次）
绿针叶乔木	白皮松	1.5～2	—	6～10	1.0	—	2
	湿地松	2～2.5	—	3～4	1.5	—	2
	马尾松	2～2.5	—	4～5	1.5	—	2
	黑松	2～2.5	—	6	1.5	—	2
	华山松	1.5～2	—	7～8	1.5	—	3
	圆柏	2.5～3	—	7	0.8	—	3
	龙柏	2～2.5	—	5～8	0.8	—	2
	铅笔柏	2.5～3	—	6～10	0.6	—	3
	榧树	1.5～2	—	5～8	0.6	—	2
落叶针叶乔木	水松	3.0～3.5	—	4～5	1.0	—	2
	水杉	3.0～3.5	—	4～5	1.0	—	2
	金钱松	3.0～3.5	—	6～8	1.2	—	2
	池杉	3.0～3.5	—	4～5	1.0	—	2
	落羽杉	3.0～3.5	—	4～5	1.0	—	2
常绿阔叶乔木	羊蹄甲	2.5～3	3～4	4～5	1.2	—	2
	榕树	2.5～3	4～6	5～6	1.0	—	2
	黄桷树	3～3.5	5～8	5	1.5	—	2
	女贞	2～2.5	3～4	4～5	1.2	—	1
	广玉兰	3.0	3～4	4～5	1.5	—	2
	白兰花	3～3.5	5～6	5～7	1.5	—	1
	芒果	3～3.5	5～6	5	1.5	—	2
	香樟	2.5～3	3～4	4～5	1.2	—	2
	蚊母	2	3～4	5	0.5	—	3
	桂花	1.5～2	3～4	4～5	1.5	—	2
	山茶花	1.5～2	3～4	5～6	1.5	—	2
	石楠	1.5～2	3～4	4～5	1.0	—	2
	枇杷	2～2.5	3～4	3～4	5～6	—	2

续上表

类型	树种	树高(m)	干径(m)	苗龄(a)	冠径(m)	分枝点高(m)	移植次数(次)
落叶阔叶乔木	银杏	2.5~3	2	15~20	1.5	2.0	3
	绒毛白蜡	4~6	4~5	6~7	0.8	5.0	2
	悬铃木	2~2.5	5~7	4~5	1.5	3.0	2
	毛白杨	6	4~5	4	0.8	2.5	1
	臭椿	2~2.5	3~4	3~4	0.8	2.5	1
	三角枫	2.5	2.5	8	0.8	2.0	2
	元宝枫	2.5	3	5	0.8	2.0	2
	洋槐	6	3~4	6	0.8	2.0	2
	合欢	5	3~4	6	0.8	2.5	2
	栾树	4	5	6	0.8	2.5	2
	七叶树	3	3.5~4	4~5	0.8	2.5	3
	国槐	4	5~6	8	0.8	2.5	2
	无患子	3~3.5	3~4	5~6	1.0	3.0	1
	泡桐	2~2.5	3~4	2~3	0.8	2.5	1
	枫杨	2~2.5	3~4	3~4	0.8	2.5	1
	梧桐	2~2.5	3~4	4~5	0.8	2.0	2
	鹅掌楸	3~4	3~4	4~6	0.8	2.5	2
	木棉	3.5	5~8	5	0.8	2.5	2
	垂柳	2.5~3	4~5	2~3	0.8	2.5	2
	枫香	3~3.5	3~4	4~5	0.8	2.5	2
	榆树	3~4	3~4	3~4	1.5	2	2
	榔榆	3~4	3~4	6	1.5	2	3
	朴树	3~4	3~4	5~6	1.5	2	2
	乌桕	3~4	3~4	6	2	2	2
	楝树	3~4	3~4	4~5	2	2	2
	杜仲	4~5	3~4	6~8	2	2	3
	麻栎	3~4	3~4	5~6	2	2	2
	榉树	3~4	3~4	8~10	2	2	3
	重阳木	3~4	3~4	5~6	2	2	2
	梓树	3~4	3~4	5~6	2	2	2

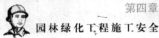

续上表

类型		树 种	树高（m）	干径（m）	苗龄（a）	冠径（m）	分枝点高（m）	移植次数（次）
落叶阔叶乔木	中小乔木	白玉兰	2～2.5	2～3	4～5	0.8	0.8	1
		紫叶李	1.5～2	1～2	3～4	0.8	0.4	2
		樱 花	2～2.5	1～2	3～4	1	0.8	2
		鸡爪械	1.5	1～2	4	0.8	1.5	2
		西府海棠	3	1～2	4	1.0	0.4	2
		大花紫薇	1.5～2	1～2	3～4	0.8	1.0	1
		石 榴	1.5～2	1～2	3～4	0.8	0.4～0.5	2
		碧 桃	1.5～2	1～2	3～4	1.0	0.4～0.5	1
		丝棉木	2.5	2	4	1.5	0.8～1	1
		垂枝榆	2.5	4	7	1.5	2.5～3	2
		龙爪槐	2.5	4	10	1.5	2.5～3	3
		毛刺槐	2.5	4	3	1.5	1.5～2	1

（2）灌木类苗木。

灌木类常用苗木产品的主要规格质量标准如表4—2所示。

1）灌木类苗木产品的主要质量标准以苗龄、蓬径、主枝数、灌高或主条长为规定指标。

2）丛生型灌木类苗木产品的主要质量要求：灌丛丰满，主侧枝分布均匀，主枝数不少于5支，灌高应有3支以上的主枝达到规定的标准要求。

3）匍匐型灌木类苗木产品的主要质量要求：应有3支以上主枝达到规定标准的长度。

4）蔓生型灌木苗木产品的主要质量要求：分枝均匀，主条数在5支以上，主条径在1.0 cm以上。

5）单干型灌木苗木产品的主要质量要求：具主干，分枝均匀，基径在2.0 cm以上。

6）绿篱用灌木类苗木产品主要质量要求：冠丛丰满，分枝均匀，干下部枝叶无光秃，干径同级，树龄2年生以上。

表4-2　灌木类常用苗木产品的主要规格质量标准

类型		树种	树高 (cm)	苗龄 (a)	蓬径 (m)	主枝 数(个)	移植次 数(次)	主条 长(m)	基径 (cm)
常绿针叶灌木	匍匐型	爬地柏	—	4	0.6	3	2	1~1.5	1.5~2
		沙地柏	—	4	0.6	3	2	1~1.5	1.5~2
	丛生型	千头柏	0.8~1.0	5~6	0.5	—	.1	—	—
		线柏	0.6~0.8	4~5	0.5	—	1	—	—
常绿阔叶灌木	丛生型	月桂	1~1.2	4~5	0.5	3	1~2	—	—
		海桐	0.8~1.0	4~5	0.8	3~5	1~2	—	—
		夹竹桃	1~1.5	2~3	0.5	3~5	1~2	—	—
		含笑	0.6~0.8	4~5	0.5	3~5	2	—	—
		米仔兰	0.6~0.8	5~6	0.5	3	2	—	—
		大叶黄杨	0.6~0.8	4~5	0.6	3	2	—	—
		锦熟黄杨	0.3~0.5	3~4	0.5	3	1	—	—
		云绵杜鹃	0.3~0.5	3~4	0.3	5~8	1~2	—	—
		十大功劳	0.3~0.5	3	0.3	3~5	1	—	—
		栀子花	0.3~0.5	2~3	0.3	3~5	1	—	—
		黄蝉	0.6~0.8	3~4	0.6	3~5	2	—	—
		南天竹	0.3~0.5	2~3	0.3	3	1	—	—
		九里香	0.6~0.8	4	0.6	3~5	1~2	—	—
		八角金盘	0.5~0.6	3~4	0.5	2	1	—	—
		枸骨	0.6~0.8	5	0.6	3~5	2	—	—
		丝兰	0.3~0.4	3~4	0.5	—	2	—	—
	单干型	高接大叶黄杨	2	—	3	3	2	—	3~4
落叶阔叶灌木	丛生型	榆叶梅	1.5	3~5	0.8	5	2	—	—
		珍珠梅	1.5	5	0.8	6	1	—	—
		黄刺梅	1.5~2.0	4~5	0.8~1.0	6~8	1	—	—
		玫瑰	0.8~1.0	4~5	0.5~0.6	5	1	—	—
		贴梗海棠	0.8~1.0	4~5	0.8~1.0	5	1	—	—
		木槿	1~1.5	2~3	0.5~0.6	5	1	—	—

续上表

类型	树种	树高 (cm)	苗龄 (a)	蓬径 (m)	主枝 数(个)	移植次 数(次)	主条 长(m)	基径 (cm)
落叶阔叶灌木	太平花	1.2～1.5	2～3	0.5～0.8	6	1	—	—
丛生型	红叶小檗	0.8～1.0	3～5	0.5	6	1	—	—
	棣棠	1～1.5	6	0.8	6	1	—	—
	紫荆	1～1.2	6～8	0.8～1.0	5	1	—	—
	锦带花	1.2～1.5	2～3	0.5～0.8	6	1	—	—
	腊梅	1.5～2.0	5～6	1～1.5	8	1	—	—
	溲疏	1.2	3～5	0.6	5	1	—	—
	金根木	1.5	3～5	0.8～1.0	5	1	—	—
	紫薇	1～1.5	3～5	0.8～1.0	5	1	—	—
	紫丁香	1.2～1.5	3	0.6	5	1	—	—
	木本绣球	0.8～1.0	4	0.6	5	1	—	—
	麻叶绣线菊	0.8～1.0	4	0.8～1.0	5	1	—	—
	猬实	0.8～1.0	3	0.8～1.0	7	1	—	—
单干型	红花紫薇	1.5～2.0	3～5	0.8	5	1	—	3～4
	榆叶梅	1～1.5	5	0.8	5	1	—	3～4
	白丁香	1.5～2	3～5	0.8	5	1	—	3～4
	碧桃	1.5～2	4	0.8	5	1	—	3～4
蔓生型	连翘	0.5～1	1～3	0.8	5	—	1.0～1.5	—
	迎春	0.4～1	1～2	0.5	5	—	0.6～0.8	—

　　(3)藤木类苗木。

　　藤木类常用苗木产品主要规格质量标准如表4-3所示。

　　1)藤木类苗木产品主要质量标准以苗龄、分枝数、主蔓径和移植次数为规定指标。

　　2)小藤木类苗木产品的主要质量要求:分枝数不少于2支,主蔓径应在0.3 cm以上。

　　3)大藤木类苗木产品的主要质量要求:分枝数不少于3支,主蔓径在1.0 cm以上。

表 4-3　藤木类常用苗木产品的主要规格质量标准

类型	树　种	苗龄(a)	分枝数(支)	主蔓径(cm)	主蔓长(m)	移植次数(次)
常绿藤未	金银花	3~4	3	0.3	1.0	1
	络　石	3~4	3	0.3	1.0	1
	常春藤	3	3	0.3	1.0	1
	鸡血藤	3	2~3	1.0	1.5	1
	扶芳藤	3~4	3	1	1.0	1
	三角花	3~4	4~5	1	1~1.5	1
	木　香	3	3	0.8	1.2	1
落叶藤叶	猕猴桃	3	4~5	0.5	2~3	1
	南蛇藤	3	4~5	0.5	1	1
	紫　藤	4	4~5	1	1.5	1
	爬山虎	1~2	3~4	0.5	2~2.5	1
	野蔷薇	1~2	3	1	1.0	1
	凌　霄	3	4~5	0.8	1.5	1
	葡　萄	3	4~5	1	2~3	1

（4）竹类苗木。

竹类常用苗木产品的主要规格质量标准如表 4-4 所示。

1）竹类苗木产品的主要质量标准以苗龄、竹叶盘数、竹鞭芽眼数和竹鞭个数为规定指标。

2）母竹为 2~4 年生苗龄，竹鞭芽眼两个以上，竹竿截干保留 3~5 盘叶以上。

3）无性繁殖竹苗应具 2~3 年生苗龄；播种竹苗应具 3 年生以上苗龄。

4）散生竹类苗木产品的主要质量要求：大中型竹苗具有竹竿 1~2 支；小型竹苗具有竹竿 3 支以上。

5）丛生竹类苗木产品的主要质量要求：每丛竹具有竹竿 3 支以上。

6）混生竹类苗木产品的主要质量要求：每丛竹具有竹竿 2 支以上。

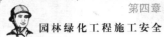

第四章
园林绿化工程施工安全

表4-4　竹类常用苗木产品的主要规格质量标准

类型	树种	苗龄(a)	母竹分枝数(支)	竹鞭长(cm)	竹鞭个数(个)	竹鞭芽眼数(个)
散生竹	紫竹	2~3	2~3	>0.3	>2	>2
	毛竹	2~3	2~3	>0.3	>2	>2
	方竹	2~3	2~3	>0.3	>2	>2
	淡竹	2~3	2~3	>0.3	>2	>2
丛生竹	佛肚竹	2~3	1~2	>0.3	—	2
	凤凰竹	2~3	1~2	>0.3	—	2
	粉箪竹	2~3	1~2	>0.3	—	2
	撑篙竹	2~3	1~2	>0.3	—	2
	黄金间碧竹	3	2~3	>0.3	—	2
混生竹	倭竹	2~3	2~3	>0.3	—	>1
	苦竹	2~3	2~3	>0.3	—	>1
	阔叶箬竹	2~3	2~3	>0.3	—	>1

（5）棕榈类苗木。

棕榈类等特种苗木产品的主要规格质量标准如表4-5所示。

棕榈类特种苗木产品的主要质量标准以树高、干径、冠径和移植次数为规定指标。

表4-5　棕榈类等特种苗木产品的主要规格质量标准

类型	树种	树高(m)	灌高(m)	树龄(a)	基径(cm)	冠径(m)	蓬径	移植次数(次)
乔木型	棕榈	0.6~0.8	—	7~8	6~8	1	—	2
	椰子	1.5~2	—	4~5	15~20	1	—	2
	王棕	1~2	—	5~6	6~10	1	—	2
	假槟榔	1~1.5	—	4~5	6~10	1	—	2
	长叶刺葵	0.8~1.0	—	4~6	6~8	1	—	2
	油棕	0.8~1.0	—	4~5	6~10	1	—	2
	蒲葵	0.6~0.8	—	8~10	10~12	1	—	2
	鱼尾葵	1.0~1.5	—	4~6	6~8	1	—	2
灌木型	棕竹	—	0.6~0.8	5~6	—	—	0.6	2
	散尾葵	—	0.8~1	4~6	—	—	0.8	2

怎样才能保障球根花卉种球的质量要求？

（1）球根花卉种球产品出圃的基本条件。

1）种球应形态完整、饱满、清洁、无病虫害、无机械损伤、无畸形、无枯萎皱缩、主芽眼不损坏、无霉变腐烂。

2）种球栽植后，在正常气候和常规培养与管理条件下，应能够在第一个生长周期中开花，开花应达到一定观赏要求，各类标准另行规定。

3）种球品种纯度应在95％以上。

4）种球出圃的贮藏期不得超过收球后的几个月。如有特殊储藏条件的，亦必须保证在种植后第一个生长周期中开花，且出圃时要注明。

5）球根花卉种球出圃产品应按要求包装，并注明生产单位、中文名、拉丁学名、品种（含分色）、规格及包装数量，准确率应＞99％。

（2）球根花卉种球分类的质量。

球根花卉种球分类的质量标准应符合表4－6的要求。

表4－6　球根花卉种球分类质量要求表

质量要求	鳞茎类	球茎类	块茎类	根茎类	块根类
外观整体质量要求	充实、不腐烂不干瘪	坚实、不腐烂不干瘪	充实、不腐烂不干瘪	充实、不腐烂不干瘪	充实、不腐烂不干瘪
芽眼芽体质量要求	中心胚芽不损坏肉质鳞片排列紧密	主芽不损坏	主芽眼不损坏	主芽芽体不损坏	根茎部不损坏
外因危害	无病虫危害	无病虫危害	无病虫危害	无病虫危害	无病虫危害

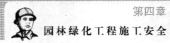

续上表

质量要求	鳞茎类	球茎类	块茎类	根茎类	块根类
外因污染	干净、无农药、肥料残留	无农药、肥料残留	无农药、肥料残留	干净、无农药、肥料残留	干净、无农药、肥料残留
种皮、外膜质量要求	有皮膜的皮膜保存无损(水仙除外);无皮膜的鳞片叶完整无缺损,鳞茎盘无缺榌,无凹底	外膜皮无缺损	—	—	—

怎样才能保障苗木种植前修剪的质量要求?

(1)种植前应进行苗木根系修剪,宜将劈裂根、病虫根、过长根剪除,并对树冠进行修剪,保持地上地下平衡。

(2)乔木类修剪应符合下列规定:

1)具有明显主干的高大落叶乔木应保持原有树形,适当疏枝,对保留的主侧枝应在健壮芽上短截,可剪去枝条 1/5～1/3。

2)无明显主干、枝条茂密的落叶乔木,对干径 10 cm 以上树木,可疏枝保持原树形;对干径为 5～10 cm 的苗木,可选留主干上的几个侧枝,保持原有树形进行短截。

3)枝条茂密具圆头型树冠的常绿乔木可适量疏枝。树叶集生树干顶部的苗木可不修剪。具轮生侧枝的常绿乔木用作行道树时,可剪除基部 2～3 层轮生侧枝。

4)常绿针叶树,不宜修剪,只剪除病虫枝、枯死枝、生长衰弱枝、过密的轮生枝和下垂枝。

5)用作行道树的乔木,定干高度宜大于 3 m,第一分枝点以下枝条应全部剪除,分枝点以上枝条酌情疏剪或短截,并应保持树冠原型。

6)珍贵树种的树冠宜作少量疏剪。

（3）灌木及藤蔓类修剪应符合下列规定：

1）带土球或湿润地区带宿土裸根苗木及上年花芽分化的开花灌木不宜作修剪，当有枯枝、病虫枝时应予剪除。

2）枝条茂密的大灌木，可适量疏枝。

3）对嫁接灌木，应将接口以下砧木萌生枝条剪除。

4）分枝明显、新枝着生花芽的小灌木，应顺其树势适当强剪，促生新枝，更新老枝。

5）用作绿篱的乔灌木，可在种植后按设计要求整形修剪。苗圃培育成型的绿篱，种植后应加以整修。

6）攀缘类和蔓性苗木可剪除过长部分。攀缘上架苗木可剪除交错枝、横向生长枝。

（4）苗木修剪质量应符合下列规定：

1）剪口应平滑，不得劈裂。

2）枝条短截时应留外芽，剪口应距留芽位置以上 1 cm。

3）修剪直径 2 cm 以上大枝及粗根时，截口必须削平并涂防腐剂。

怎样才能保障苗木种植的质量要求？

（1）定植的方法。

定植应根据树木的习性和当地的气候条件，选择最适宜的时期进行。

1）将苗木的土球或根苑放入种植穴内，使其居中。

2）再将树干立起扶正，使其保持垂直。

3）然后分层回填种植土，填土后将树根稍向上提一提，使根群舒展开，每填一层土就要用锄把将土压紧实，直到填满穴坑，并使土面能够盖住树木的根茎部位。

4）检查扶正后，把余下的穴土绕根茎一周进行培土，做成环形的拦水围堰。其围堰的直径应略大于种植穴的直径。堰土要拍压紧实，不能松散。

5）种植裸根树木时，将原根际埋下 3～5 cm 即可，应将种植穴底填土呈半圆土堆,置入树木填土至1/3时,应轻提树干使根系舒展,并充分接触土壤,随填土分层踏实。

6)带土球树木必须踏实穴底土层,而后置入种植穴,填土踏实。

7)绿篱成块种植或群植时,应由中心向外顺序退植。坡式种植时应由上向下种植。大型块块或不同彩色丛植时,宜分区分块。

8)假山或岩缝间种植,应在种植土中掺入苔藓、泥炭等保湿透气材料。

9)落叶乔木在非种植季节种植时,应根据不同情况分别采取以下技术措施。

①苗木必须提前采取疏枝、环状断根或在适宜季节起苗用容器假植等处理。

②苗木应进行强修剪,剪除部分侧枝,保留的侧枝也应疏剪或短截,并应保留原树冠的1/3,同时必须加大土球体积。

③可摘叶的应摘去部分叶片,但不得伤害幼芽。

④夏季可搭棚遮荫、树冠喷雾、树干保湿,保持空气湿润;冬季应防风防寒。

⑤干旱地区或干旱季节,种植裸根树木应采取根部喷布生根激素、增加浇水次数等措施。

10)对排水不良的种植穴,可在穴底铺10～15 cm沙砾或铺设渗入管、盲沟,以利排水。

11)栽植较大的乔木时,在定植后应加支撑,以防浇水后大风吹倒苗木。

(2)注意事项和要求。

1)树身上、下应垂直。如果树干有弯曲,其弯向应朝当地风方向。行列式栽植必须保持横平竖直,左右相差最多不超过树干一半。

2)栽植深度,裸根乔木苗,应较原根茎土痕深5～10 cm;灌木应与原土痕齐;带土球苗木比土球顶部深2～3 cm。

3)行列式植树,应事先栽好"标杆树"。方法是:每隔20株左右,用皮尺量好位置,先栽好一株,然后以这些标杆树为瞄准依据,全面开展栽植工作。

4)灌水堰筑完后,将捆拢树冠的草绳解开取下,使枝条舒展。

怎样才能保障花坛边缘石砌筑施工的安全？

(1)基槽施工。

沿着已有的花坛边线开挖边缘石基槽；基槽的开挖宽度应比边缘石基础宽 10 cm 左右，深度可在 12～20 cm 之间。槽底土面要整平、夯实；有松软处要进行加固，不得留下不均匀沉降的隐患。在砌基础之前，槽底还应做一个 3～5 cm 厚的粗砂垫层，作基础施工找平用。

(2)矮墙施工。

边缘石多以砖砌筑 15～45 cm 高的矮墙，其基础和墙体可用 1∶2 水泥砂浆或 M2.5 混合砂浆砌 MU7.5 标准砖做成。矮墙砌筑好之后，回填泥土将基础埋上，并夯实泥土。再用水泥和粗砂配成 1∶2.5 的水泥砂浆，对边缘石的墙面抹面，抹平即可，不可抹光。最后，按照设计，用磨制花岗石石片、釉面墙地砖等贴面装饰，或者用彩色水磨石、干粘石等方法饰面。

(3)花饰施工。

对于设计有金属矮栏花饰的花坛，应在边缘石饰面之前安装好。矮栏的柱脚要埋入边缘石，用水泥砂浆浇筑固定。待矮栏花饰安装好后，才进行边缘石的饰面工序。

怎样才能保障花坛栽植施工的安全？

(1)起苗。

1)裸根苗：应随栽随起，尽量保持根系完整。

2)带土球苗：如果花圃土地干燥，应事先灌水。起苗时要保持土球完整，根系丰满；如果土壤过于松散，可用手轻轻捏实。起苗后，最好于阴凉处囤放一两天，再运苗栽植。这样，可以保证土壤不松散，又可以缓缓苗，有利于成活。

3)盆育花苗：栽时最好将盆退去，但应保证盆土不散。也可以连盆栽入花坛。

（2）花苗栽入花坛的基本方式。

1）一般花坛：如果小花苗就具有一定的观赏价值，可以将幼苗直接定植，但应保持合理的株行距；甚至还可以直接在花坛内播花籽，出苗后及时间苗管理。这种方式既省人力、物力，而且也有利于花卉的生长。

2）重点花坛：一般应事先在花圃内育苗。待花苗基本长成后，于适当时期，选择符合要求的花苗，栽入花坛内。这种方法比较复杂，各方面的花费也较多，但可以及时发挥效果。

宿根花卉和一部分盆花，也可以按上述方法处理。

（3）栽植方法。

1）从花圃挖起花苗之前，应先灌水浸湿圃地，起苗时根土才不易松散。同种花苗的大小、高矮应尽量保持一致，过于弱小或过于高大的都不要选用。

2）花卉栽植时间，在春、秋、冬三季基本没有限制，但夏季的栽种时间最好在上午 11 时之前和下午 4 时以后，要避开太阳暴晒。

3）花苗运到后，应即时栽种，不要放了很久才栽。栽植花苗时，一般的花坛都从中央开始栽，栽完中部图案纹样后，再向边缘部分扩展栽下去。在单面观赏花坛中栽植时，则要从后边栽起，逐步栽到前边。宿根花卉与一二年生花卉混植时，应先种植宿根花卉，后种植一二年生花卉；大型花坛，宜分区、分块种植。在单面观赏花坛中栽植时，则要从后边栽起，逐步栽到前边。若是模纹花坛和标题式花坛，则应先栽模纹、图线、字形，后栽底面的植物。在栽植同一模纹的花卉时，若植株稍有高矮不齐，应以矮植株为准，对较高的植株则栽得深一些，以保持顶面整齐。立体花坛制作模型后，按上述方法种植。

4）花苗的株行距应随植株大小高低而确定，以成苗后不露出地面为宜。植株小的，株行距可为 15 cm×15 cm；植株中等大小的，可为 20 cm×20 cm 至 40 cm×40 cm；对较大的植株，则可采用 50 cm×50 cm 的株行距，五色苋及草皮类植物是覆盖型的草类，可不考虑株行距，密集铺种即可。

5）栽植的深度，对花苗的生长发育有很大的影响，栽植过深，花苗根系生长不良，甚至会腐烂死亡；栽植过浅，则不耐干旱，而且容

易倒伏,一般栽植深度,以所埋之土刚好与根茎处相齐为最好。球根类花卉的栽植深度,应更加严格掌握,一般覆土厚度应为球根高度的1~2倍。

6)栽植完成后,要立即浇一次透水,使花苗根系与土壤密切接合,并应保持植株清洁。

怎样才能保障草坪修剪操作的质量要求?

(1)修剪的高度。

草坪实际修剪高度是指修剪后的植株茎叶高度。草坪修剪必须遵守1/3原则。即每次修剪时,剪掉部分的高度不能超过草坪草茎叶自然高度的1/3。主要草坪草的修剪高度范围(表4-7)。

表4-7 主要草坪草的参考修剪高度(个别品种除外)

草 种	修剪高度(cm)	草 种	修剪高度(cm)
巴哈雀稗	5.0~10.2	地毯草	2.5~5.0
普通狗牙根	2.1~3.8	假俭草	2.5~5.0
杂交狗牙根	0.6~2.5	钝叶草	5.1~7.6
结缕草	1.3~5.0	多年生黑麦草	3.8~7.6*
匍匐剪股颖	0.3~1.3	高羊茅	3.8~7.6
细弱剪股颖	1.3~2.5	沙生冰草	3.8~6.4
细羊茅	3.8~7.6	野牛草	1.8~7.5
草地早熟禾	3.8~7.6*	格兰马草	5.0~6.4

(2)修剪频率。

修剪频率是指在一定的时期内草坪修剪的次数,修剪频率主要取决于草坪草的生长速率和对草坪的质量要求。冷季型庭院草坪在温度适宜和保证水分的春、秋两季,草坪草生长旺盛,每周可能需要修剪两次,而在高温胁迫的夏季生长受到抑制,每两周修剪一次即可;相反,暖季型草坪草在夏季生长旺盛,需要经常修剪,在温度较低、不适宜生长的其他季节则需要减少修剪频率。

1)对草坪的质量要求越高,养护水平越高,修剪频率也越高。

2)不同草种的草坪其修剪频率也不同。

3)表4-8给出几种不同用途草坪的修剪频率和次数,仅供参考。

表4-8 草坪修剪的频率及次数

应用场所	草坪草种类	修剪频率(次·月$^{-1}$)			年修剪次数
		4~6月	7~8月	9~11月	
庭院	细叶结缕草	1	2~3	1	5~6
	剪股颖	2~3	8~9	2~3	15~20
公园	细叶结缕草	1	2~3	1	10~15
	剪股颖	2~3	8~9	2~3	20~30
竞技场、校园	细叶结缕草、狗牙根	2~3	8~9	2~3	20~30
高尔夫球场发球台	细叶结缕草	1	16~18	13	30~35
高尔夫球场果岭区	细叶结缕草	38	34~43	38	110~120
	剪股颖	51~64	25	51~64	120~150

(3)修剪操作。

1)一般先绕目标草坪外围修剪1~2圈,这有利于在修剪中间部分时机器的调头,防止机器与边缘硬质砖块、水泥路等碰撞损坏机器,以及防止操作人员意外摔倒。

2)剪草机工作时,不要移动集草袋(斗)或侧排口。集草袋长时间使用会由于草屑汁液与尘土混合,导致通风不畅影响草屑收集效果,因此要定期清理集草袋。不要等集草袋太满,才倾倒草屑,否则也会影响草屑收集效果或遗漏草屑于草坪上。

3)在坡度较小的斜坡上剪草时,手推式剪草机要横向行走,坐骑式剪草机则要顺着坡度上下行走,坡度过大时要应用气垫式剪草机。

4)在工作途中需要暂时离开剪草机时,务必要关闭发动机。

5)具有刀离合装置的剪草机,在开关刀离合时,动作要迅速,这

有利于延长传动皮带或齿轮的寿命。对于具有刀离合装置的手推式剪草机,如果已经将目标草坪外缘修剪1~2周,由于机身小则在每次调头时,尽量不要关闭刀离合,以延长其使用寿命,但要时刻注意安全。

6)剪草时操作人员要保持头脑清醒,时刻注意前方是否有遗漏的杂物,以免损坏机器。长时间操作剪草机要注意休息,切忌心不在焉。剪草机工作时间也不应过长,尤其是在炎热的夏季要防止机体过热,影响其使用寿命。

7)旋刀式剪草机在刀片锋利、自走速度适中、操作规范的情况下仍然出现"拉毛"现象,则可能是由于发动机转速不够,可由专业维修人员调节转速以达到理想的修剪效果。

8)剪草机的行走速度过快,滚刀式剪草机会形成"波浪"现象,旋刀式剪草机会出现"圆环"状,从而严重影响草坪外观和修剪质量。

9)对于甩绳式剪草机,操作人员要熟练掌握操作技巧,否则容易损伤树木和旁边的花灌木以及出现"剪秃"的现象,而且转速要控制适中,否则容易出现"拉毛"现象或硬物飞溅伤人事故。不要长时间使油门处于满负荷工作状态,以免机器过早磨损。

10)手推式剪草机一般向前推,尤其在使用自走时切忌向后拉,否则,有可能伤到操作人员的脚。

11)修剪后的注意事项。

①草坪修剪完毕,要将剪草机置于平整地面,拔掉火花塞进行清理。

②放倒剪草机时要从空气滤清器的另一侧抬起,确保放倒后空气滤清器置于发动机的最高处,防止机油倒灌淹灭火花塞火花,造成无法启动。

③清除发动机散热片和启动盘上的杂草、废渣和灰尘(特别是化油器旁的散热片很容易堵塞,要用钢丝清理)。因为这些杂物会影响发动机的散热,导致发动机过热而损坏。但不要用高压水雾冲洗发动机,可用真空气泵吹洗。

④清理刀片和机罩上的污物,清理甩绳式剪草机的发动机和工作头。

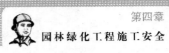

⑤每次清理要及时彻底，为以后清理打下良好的基础。清理完毕后，检查剪草机的启动状况，一切正常后入库存放于干净、干燥、通风、温度适宜的地方。

第五章

园林供电工程施工安全

怎样才能保障架空线路施工的安全?

(1)架空线路横担间的最小垂直距离不得小于表5-1所列数值;横担宜采用角钢或方木,低压铁横担角钢应按表5-2选用,方木横担截面应按80 mm×80 mm选用;横担长度应按表5-3选用。

表5-1　横担间的最小垂直距离(m)

排列方式	直线杆	分支或转角杆
高压与低压	1.2	1.0
低压与低压	0.6	0.3

表5-2　低压铁横担角钢选用

导线截面(mm²)	直线杆	分支或转角杆	
		二线及三线	四线及以上
16 25 35 50	∟50×5	2×∟50×5	2×∟63×5
70 95 120	∟63×5	2×∟63×5	2×∟70×6

表5-3　横担长度选用

横担长度(m)		
二　线	三线、四线	五　线
0.7	1.5	1.8

(2)架空线必须架设在专用电杆上,严禁架设在树木、脚手架及其他设施上。

(3)架空线路宜采用钢筋混凝土或木杆。钢筋混凝土杆不得有露筋、宽度大于0.4 mm的裂纹和扭曲;木杆不得腐朽,其梢径不应小于140 mm。架空线路与邻近线路或固定物的距离,见表5-4。

表5-4　架空线路与邻近线路或固定物的距离

项目	距离类别						
最小净空距离(m)	架空线路的过引线、接下线与邻线		架空线与架空线电杆外缘		架空线与摆动最大时树梢		
	0.13		0.05		0.50		
最小垂直距离(m)	架空线同杆架设下方的通信、广播线路	架空线最大弧垂与地面			架空线最大弧垂与暂设工程顶端	架空线与邻近电力线路交叉	
		施工现场	机动车道	铁路轨道		1kV以下	1～10kV
	1.0	4.0	6.0	7.5	2.5	1.2	2.5
最小水平距离(m)	架空线电杆与路基边缘		架空线电杆与铁路轨道边缘		架空线边线与建筑物凸出部分		
	1.0		+3.0		1.0		

(4)架空线路必须有短路保护。采用熔断器做短路保护时,其熔体额定电流不应大于明敷绝缘导线长期连续负荷允许载流量的1.5倍。采用断路器做短路保护时,其瞬动过流脱扣器脱扣电流整定值应小于线路末端单相短路电流。

(5)架空线导线截面的选择应符合下列要求。

1)导线中的计算负荷电流不大于其长期连续负荷允许载流量。

2)线路末端电压偏移不大于其额定电压的5%。

3)三相四线制线路的 N 线和 PE 线截面不小于相线截面的
50％,单相线路的零线截面与相线截面相同。

4)按机械强度要求,绝缘铜线截面不小于 10 mm²,绝缘铝线截
面不小于 16 mm²。

5)在跨越铁路、公路、河流、电力线路档距内,绝缘铜线截面不
小于 16 mm²,绝缘铝线截面不小于 25 mm²。

(6)电杆埋设深度宜为杆长的 1/10 加 0.6 m,回填土应分层夯
实。在松软土质处宜加大埋入深度或采用卡盘等加固。

(7)架空线路相序排列应符合下列要求:

1)动力、照明线在同一横担上架设时,导线相序排列是:面向负
荷从左侧起依次为 L1、N、L2、L3、PE。

2)动力、照明线在二层横担上分别架设时,导线相序排列是:上
层横担面向负荷从左侧起依次为 L1、L2、L3;下层横担面向负荷从
左侧起依次为 L1(L2、L3)、N、PE。

(8)架空线在一个档距内,每层导线的接头数不得超过该层导
线条数的 50％,且一条导线应只有一个接头。

在跨越铁路、公路、河流、电力线路档距内,架空线不得有接头。

(9)架空线路绝缘子应按下列原则选择。

1)直线杆采用针式绝缘子。

2)耐张杆采用蝶式绝缘子。

(10)因受地形环境限制不能装设拉线时,可采用撑杆代替拉
线,撑杆埋设深度不得小于 0.8 m,其底部应垫底盘或石块。撑杆
与电杆的夹角宜为 30°。

(11)直线杆和 15°以下的转角杆,可采用单横担单绝缘子,但跨
越机动车道时应采用单横担双绝缘子;15°～45°的转角杆应采用双
横担双绝缘子;45°以上的转角杆,应采用十字横担。

(12)架空线路的档距不得大于 35 m。

(13)架空线必须采用绝缘导线。

(14)架空线路的线间距不得小于 0.3 m,靠近电杆的两导线的
间距不得小于 0.5 m。

(15)架空线路必须有过载保护。

采用熔断器或断路器做过载保护时,绝缘导线长期连续负荷允

许载流量不应小于熔断器熔体额定电流或断路器长延时过流脱扣器脱扣电流整定值的 1.25 倍。

(16)电杆的拉线宜采用不少于 3 根 φ4.0mm 的镀锌钢丝。拉线与电杆的夹角应在 30°~45°。拉线埋设深度不得小于 1 m。电杆拉线如从导线之间穿过，应在高于地面 2.5 m 处装设拉线绝缘子。

(17)接户线在档距内不得有接头，进线处离地高度不得小于 2.5 m。接户线最小截面应符合表 5—5 规定。接户线线间及与邻近线路间的距离应符合表 5—6 的要求。

表 5—5　接户线的最小截面

接户线架设方式	接户线长度(m)	接户线截面(mm²)	
		铜　线	铝　线
架空或沿墙敷设	10~25	6.0	10.0
	≤10	4.0	6.0

表 5—6　接户线线间及与邻近线路间的距离

接户线架方式	接户线档距(m)	接户线线间距离(mm)
架空敷设	≤25	150
	>25	200
沿墙敷设	≤6	100
	>6	150
架空接户线与广播电话线交叉时的距离(mm)		接户线在上部,600 接户线在下部,300
架空或沿墙敷设的接户线零线和相线交叉时的距离(mm)		100

怎样才能保障电缆敷设施工的安全？

(1)电缆敷设时，不应破坏电缆沟和隧道的防水层。

(2)在三相四线制系统中使用的电力电缆，不应采用三芯电缆

另加一根单芯电缆或导线，以电缆金属护套等作中性线等方式。

在三相系统中，不得将三芯电缆中的一芯接地运行。

(3)三相系统中使用的单芯电缆，应组成紧贴的正三角形排列（充油电缆及水底电缆可除外），并且每隔1m应用绑带扎牢。

(4)并联运行的电力电缆，其长度应相等。

(5)电缆敷设时，在电缆终端头与电缆接头附近可留有备用长度。直埋电缆尚应在全长上留出少量裕度，并作波浪形敷设。

(6)电缆各支持点间的距离应按设计规定。当设计无规定时，则不应大于表5-7中所列数值。

表5-7 电缆支持点间的距离(m)

敷设方式 电缆种类		支架上敷设*		钢索上悬吊敷设	
		水平	垂直	水平	垂直
电力电缆	无油电缆	1.5	2.0	—	—
	橡塑及其他油浸纸绝缘电缆	1.0	2.0	0.75	1.5
控制电缆		0.8	1.0	0.6	0.75

注:包括沿墙壁、构架、楼板等非支架固定。

(7)电缆的弯曲半径不应小于表5-8的规定。

表5-8 电缆最小允许弯曲半径与电缆外径的比值(倍数)

电缆种类	电缆护层结构	单 芯	多 芯
油浸纸绝缘电力电缆	铠装或无铠装	20	15
橡皮绝缘电力电缆	橡皮或聚氯乙烯护套	—	10
	裸铅护套	—	15
	铅护套钢带铠装	—	20
塑料绝缘电力电缆	铠装或无铠装	—	10
控制电缆	铠装或无铠装	—	10

(8)油浸纸绝缘电力电缆最高与最低点之间的最大位差不应超过表5-9的规定。

表 5-9　油浸纸绝缘电力电缆最大允许敷设位差

电压等级(kV)		电缆护层结构	铅套(m)	铝套(m)
黏性油浸纸绝缘电力电缆	1～3	无铠装	20	25
		有铠装	25	25
	6～10	无铠装或有铠装	15	20
	20～36	无铠装或有铠装	5	—
充油电缆			按产品规定	—

注:1. 不滴流油浸纸绝缘电力电缆无位差限制;

　　2. 水底电缆线路的最低点是指最低水位的水平面。

当不能满足要求时,应采用适应于高位差的电缆,或在电缆中间设置塞止式接头。

(9)电缆敷设时,电缆应从盘的上端引出,应避免电缆在支架上及地面摩擦拖拉。电缆上不得有未消除的机械损伤(如铠装压扁、电缆绞拧、护层折裂等)。

(10)用机械敷设电缆时的牵引强度不宜大于表 5-10 的数值。

表 5-10　电缆最大允许牵引强度

牵引方式	牵引头		钢丝网套	
受力部位	铜芯	铝芯	铅套	铝套
允许牵引强度(MPa)	0.7	0.4	0.1	0.4

(11)油浸纸绝缘电力电缆在切断后,应将端头立即铅封;塑料绝缘电力电缆,也应有可靠的防潮封端。充油电缆在切断后还应符合下列要求。

1)在任何情况下,充油电缆的任一段都应设有压力油箱,以保持油压。

2)连接油管路时,应排除管内空气,并采用喷油连接。

3)充油电缆的切断处必须高于邻近两侧的电缆,避免电缆内进气。

4)切断电缆时应防止金属屑及污物侵入电缆。

(12)敷设电缆时,如电缆存放地点在敷设前 24 h 内的平均温

度以及敷设现场的温度低于表5－11的数值时,应采取电缆加温措施,否则不宜敷设。

表5－11　电缆最低允许敷设温度

电缆类别	电缆结构	最低允许敷设温度（℃）
油浸纸绝缘电力电缆	充油电缆	－10
	其他油浸纸绝缘电缆	0
橡皮绝缘电力电荷	橡皮或聚氯乙烯护套	－15
	裸铅套	－20
	铅护套钢带铠装	－7
塑料绝缘电力电缆		0
控制电缆	耐寒护套	－20
	橡皮绝缘聚氯乙烯护套	－15
	聚氯乙烯绝缘、聚氯乙烯护套	－10

(13)电力电缆接头盒的布置应符合下列要求。

1)并列敷设电缆,其接头盒的位置应相互错开。

2)电缆明敷时的接头盒,须用托板(如石棉板等)托置,并用耐电弧隔板与其他电缆隔开,托板及隔板伸出接头两端的长度应不小于0.6 m。

3)直埋电缆接头盒外面应有防止机械损伤的保护盒(环氧树脂接头盒除外)。位于冻土层内的保护盒,盒内宜注以沥青,以防水分进入盒内因冻胀而损坏电缆接头。

(14)电缆敷设时,不宜交叉,电缆应排列整齐,加以固定,并及时装设标志牌。

(15)标志牌的装设应符合下列要求。

1)在下列部位,电缆上应装设标志牌:电缆终端头、电缆中间接头处、隧道及竖井的两端、人井内。

2)标志牌上应注明线路编号(当设计无编号时,则应写明电缆型号、规格及起始和结束地点);并联使用的电缆应有顺序号;字迹

应清晰,不易脱落。

3)标志牌的规格宜统一;标志牌应能防腐,且挂装应牢固。

(16)直埋电缆沿线及其接头处应有明显的方位标志或牢固的标桩。

(17)电缆固定时,应符合下列要求。

1)在下列地方应将电缆加以固定。

①垂直敷设或超过45°倾斜敷设的电缆,在每一个支架上;

②水平敷设的电缆,在电缆首末两端及转弯、电缆接头两端处;

③充油电缆的固定应符合设计要求。

2)电缆夹具的形式宜统一。

3)使用于交流的单芯电缆或分相铅套电缆在分相后的固定,其夹具的所有铁件不应构成闭合磁路。

4)裸铅(铝)套电缆的固定处,应加软垫保护。

(18)沿电气化铁路或有电气化铁路通过的桥梁上明敷电缆的金属护层(包括电缆金属管道),应沿其全长与金属支架或桥梁的金属构件绝缘。

(19)电缆进入电缆沟、隧道、竖井、建筑物、盘(柜)以及穿入管子时,出入口应封闭,管口应密封。

(20)对于有抗干扰要求的电缆线路,应按设计规定做好抗干扰措施。

(21)装有避雷针和避雷线的构架上的照明灯电源线,必须采用直埋于地下的带金属护层的电缆或穿入金属管的导线。电缆护层或金属管必须接地,埋地长度应在10 m以上,方可与配电装置的接地网相连或与电源线、低压配电装置相连接。

怎样才能保障室内线路安装施工的安全?

(1)架空进户线的室外端应采用绝缘子固定,过墙处应穿管保护,距地面高度不得小于2.5 m,并应采取防雨措施。

(2)室内配线所用导线或电缆的截面应根据用电设备或线路的计算负荷确定,但铜线截面不应小于1.5 mm²,铝线截面不应小于

2.5 mm²。

(3)对穿管敷设的绝缘导线线路,其短路保护熔断器的熔体额定电流不应大于穿管绝缘导线长期连续负荷允许载流量的2.5倍。

(4)室内配线应根据配线类型采用瓷瓶、瓷(塑料)夹、嵌绝缘槽、穿管或钢索敷设。

潮湿场所或埋地非电缆配线必须穿管敷设,管口和管接头应密封;当采用金属管敷设时,金属管必须做等电位连接,且必须与 PE 线相连接。

(5)室内非埋地明敷主干线距地面高度不得小于2.5 m。

(6)室内配线必须采用绝缘导线或电缆。

(7)钢索配线的吊架间距不宜大于 12 m。采用瓷夹固定导线时,导线间距不应小于 35 mm,瓷夹间距不应大于 800 mm;采用瓷瓶固定导线时,导线间距不应小于 100 mm,瓷瓶间距不应大于 1.5 m;采用护套绝缘导线或电缆时,可直接敷设于钢索上。

怎样才能保障室外线路安装施工的安全?

(1)在建工程内的电缆线路必须采用电缆埋地引入,严禁穿越脚手架引入。电缆垂直敷设应充分利用在建工程的竖井、垂直孔洞等,并宜靠近用电负荷中心,固定点每楼层不得少于一处。电缆水平敷设宜沿墙或门口刚性固定,最大弧垂距地不得小于2.0 m。

装饰装修工程或其他特殊阶段,应补充编制单项施工用电方案。电源线可沿墙角、地面敷设,但应采取防机械损伤和电火措施。

(2)埋地电缆的接头应设在地面上的接线盒内,接线盒应能防水、防尘、防机械损伤,并应远离易燃、易爆、易腐蚀场所。

(3)电缆线路应采用埋地或架空敷设,严禁沿地面明设,并应避免机械损伤和介质腐蚀。埋地电缆路径应设方位标志。

(4)埋地电缆在穿越建筑物、构筑物、道路、易受机械损伤、介质腐蚀场所及引出地面从 20 m 高到地下 0.2 m 处,必须加设防护套管,防护套管内径不应小于电缆外径的 1.5 倍。

(5)架空电缆应沿电杆、支架或墙壁敷设,并采用绝缘子固定,

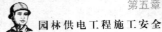

绑扎线必须采用绝缘线,固定点间距应保证电缆能承受自重所带来的荷载,敷设高度应符合架空线路敷设高度的具体要求,但沿墙壁敷设时最大弧垂距地不得小于 2.0 m。

架空电缆严禁沿脚手架、树木或其他设施敷设。

(6)埋地电缆与其附近外电电缆和管沟的平行间距不得小于2 m,交叉间距不得小于 1 m。

(7)电缆类型应根据敷设方式、环境条件选择。埋地敷设宜选用铠装电缆;当选用无铠装电缆时,应能防水、防腐。架空敷设宜选用无铠装电缆。

(8)电缆中必须包含全部工作芯线和用作保护零线或保护线的芯线。需要三相四线制配电的电缆线路必须采用五芯电缆。

五芯电缆必须包含淡蓝、绿/黄两种颜色绝缘芯线。淡蓝色芯线必须用作 N 线;绿/黄双色芯线必须用作 PE 线,严禁混用。

(9)电缆直接埋地敷设的深度不应小于 0.7 m,并应在电缆紧邻上、下、左、右侧均匀敷设不小于 50 mm 厚的细砂,然后覆盖砖或混凝土板等硬质保护层。

参考文献

[1] 黄晓鸾 . 园林绿地与建筑小品[M]. 北京:中国建筑工业出版社,1996.

[2] 梁伊任 . 园林建设工程[M]. 北京:中国城市出版社,2000.

[3] 陈志明 . 草坪建植与养护[M]. 北京:中国林业出版社,2003.

[4] 李世华 . 现代施工机械使用手册[M]. 广州:华南理工大学出版社,1999.

[5] 田永复 . 中国园林建筑施工技术[M]. 北京:中国建筑工业出版社,2002.

[6] 尹公主 . 城市绿地建设工程[M]. 北京:中国林业出版社,2001.

[7] 姬海君 . 建筑施工安全知识[M]. 北京:机械工业出版社,2005.